网页设计

主　编　任　娟　陈秋雪　徐海波

副主编　张少锋　林君玲　刘小榴　陈晓华

参　编　李　洁　王艳荣

北京理工大学出版社

BEIJING INSTITUTE OF TECHNOLOGY PRESS

图书在版编目 (CIP) 数据

网页设计 / 任娟，陈秋雪，徐海波主编 .—北京：北京理工大学出版社，2020.9

ISBN 978-7-5682-8884-2

Ⅰ. ①网…　Ⅱ. ①任…②陈…③徐…　Ⅲ. ①网页制作工具　Ⅳ. ① TP393.092.2

中国版本图书馆 CIP 数据核字 (2020) 第 146500 号

出版发行：北京理工大学出版社有限责任公司
社　　址：北京市海淀区中关村大街 5 号
邮　　编：100081
电　　话：（010）68914775（总编室）
　　　　　（010）82562903（教材售后服务热线）
　　　　　（010）68948351（其他图书服务热线）
网　　址：http：//www.bitpress.com.cn
经　　销：全国各地新华书店
印　　刷：定州市新华印刷有限公司
开　　本：787 毫米 ×1092 毫米　1/16
印　　张：13.5
字　　数：295 千字
版　　次：2020 年 9 月第 1 版　2020 年 9 月第 1 次印刷
定　　价：37.00 元

责任编辑 / 陆世立
文案编辑 / 代义国　陆世立
责任校对 / 周瑞红
责任印制 / 边心超

图书出现印装质量问题，请拨打售后服务热线，本社负责调换

前言

随着计算机技术突飞猛进的发展，互联网这一紧密依托计算机技术的新兴事物走进了千家万户，越来越多的机构、个人开始建设网站，以互联网为平台推广自身的形象和产品，将其作为无界的面向全世界的窗口。网站的建设离不开网页设计，网页设计已成为相关设计、技术人员必须掌握的基础知识。但是网页制作是一项综合性的技能，很多初学者往往感到十分困惑。本书期望通过循序渐进的讲解，使学生逐步掌握网页设计的整个过程。

要想在“电子类”行业创造价值，就必须拥有多技之长，对 Photoshop、Dreamweaver 等软件的操作和掌握是基础。本书将以这两个软件为基础，介绍网页设计的相关知识，提高学生的网页设计专业技术。

通过对本书的学习，帮助学生掌握网页设计的相关知识，最终制作出自己心目中的网页样式。本书具有以下主要特点。

1. 基础性

本书系统地介绍了网页的设计流程、版式、风格、色彩等基本知识，帮助学生逐步掌握网页设计的基本规律，并对图像制作等领域起到触类旁通的作用。

2. 实用性

在本书的编写过程中，编者吸取了在教学过程中学生学习反馈的经验，如有些知识点掌握得不够牢固、学生在做练习时频繁出错等。因此，在教材中就适当加大该内容的篇幅以及从多角度来阐述知识点，使学生能够全面深入地了解和掌握。

3. 引导性

本书全面阐述了网页设计与制作的流程，对 Photoshop、Dreamweaver 等软件的使用进行了介绍，内容浅显易懂，便于学生掌握和操作，能够有效地提高学生学习的兴趣和成就感，具有良好的后续学习引导作用。

本书共分九章。其中，第一章网页设计概述（9 课时），第二章 Photoshop 软件的使用（14 课时），第三章网页版式设计与网页版面布局（12 课时），第四章网页设计的构图元素及风格类型（8 课时），第五章网页的色彩选择与搭配（14 课时），第六章网页中的文字设计（4 课时），第七章超链接及表单的设计（15 课时），第八章输出 Web 设计方案（12 课时），第九章电子商务网站的制作（20 课时）。

本书内容结构如下图所示。

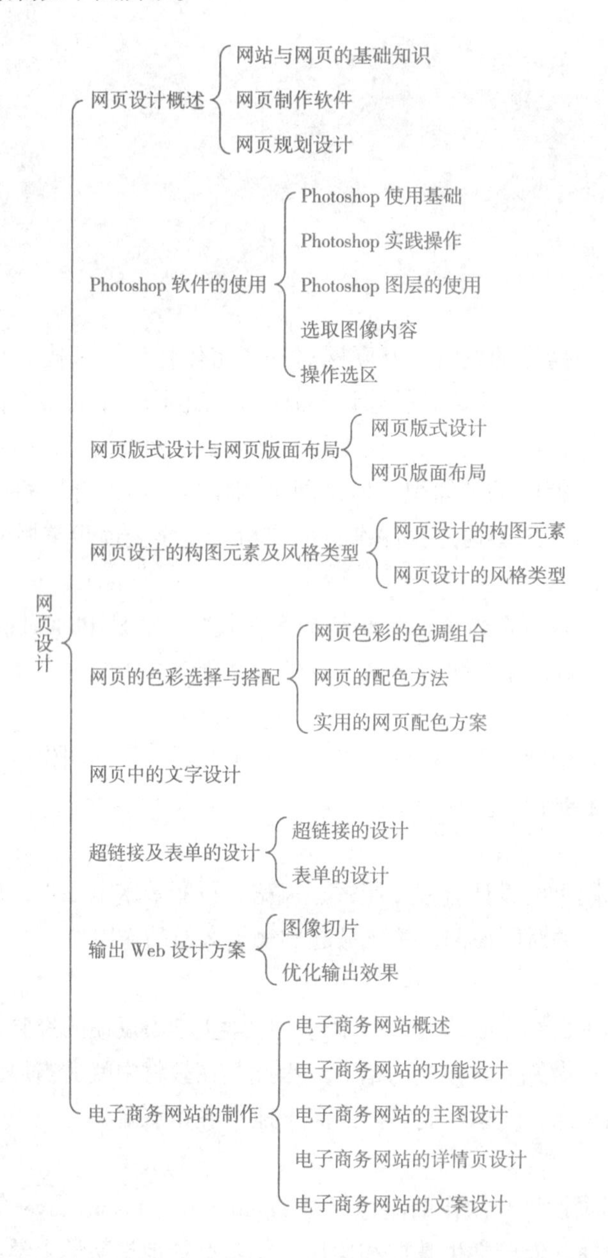

由于编者能力有限，书中内容存有不足之处，恳请广大读者批评指正！

编者

2020 年 7 月

目录

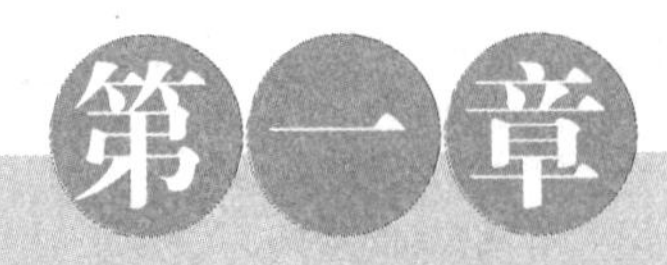

第一章 网页设计概述

【知识目标】

1. 了解网站与网页的相关内容。
2. 了解网页制作的软件。
3. 了解网站建设的流程。
4. 了解网页设计的流程及原则。

【技能目标】

1. 在制作网页时能够遵循网页设计的流程。
2. 在制作网页时能够遵循网页设计的基本原则。

【知识导图】

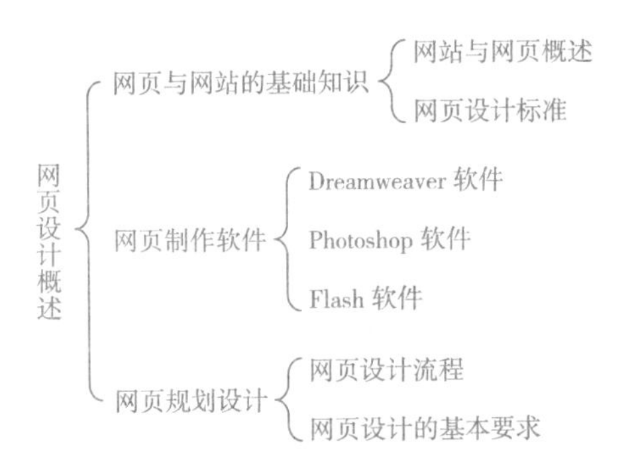

第一节　网站与网页的基础知识

一、网站与网页概述

（一）网站

1. 网站的概念

网站是一个存放网络服务器上的完整信息的集合体。它包含一个或多个网页，这些网

页以一定的方式链接在一起，成为一个整体，用于描述一组完整的信息或达到某种期望的宣传效果。通常我们所说的新浪、搜狐、网易等，即俗称的网站。

2. 网站的构成

网站可以分为两个部分，即面向终端用户的网站前端以及面向服务器和底层数据的网站后端。在实际的开发中，网站前端和后端分别承载了以下功能：

（1）网站前端。

网站前端是由 Web 浏览器解析，由终端用户下载到本地执行和解析的程序。在整个网站平台中，网站前端主要用于实现以下几种功能：

①显示内容。网站建设的目的是向终端用户展示信息内容，包括各种文本、图像、音频、视频和动画等。除此之外，还包括基于超文本技术的链接等，以实现信息内容之间的承接。

②显示效果。在提供显示内容时，网站还应对这些显示内容进行美化，提供各种样式的效果等，如文本的尺寸、字体、前景色、背景色、图像的阴影、边框等。使用这些效果的目的是突出局部内容，或者是将显示内容以更加美观的方式展示给终端用户。

③捕获交互。网站与传统媒体相比，其本身具有强大的互动功能，这些互动功能就是通过捕获用户的操作，并提供相关的反馈来实现的。现代的网站支持捕获用户的鼠标操作、键盘操作、触屏操作甚至体感操作，通过这些丰富的交互操作帮助终端用户获得更佳的操作体验，以及更便捷的信息获取方式等。

④反馈数据。用户对网站页面进行的任何操作都会产生数据，如单击某个按钮、输入某些内容以及选择一些选项等。这些数据对网站的运营、维护和用户交互响应往往具有重要的作用。网站前端的重要功能就是收集这些数据，然后通过表单提交或 Ajax 异步数据交互技术等，将其传递给网站后端。

（2）网站后端。

网站后端是指网站平台中的后台数据库、服务器端，用于存储数据和为前端提供显示的基础数据的功能模块。网站后端主要负责管理和维护，并为网站前端功能模块提供网站的各种准确数据。网站后端通常用于实现以下几种功能：

①账户及权限管理。网站后端的使用和维护通常仅由网站的管理员以及有各种其他分工的工作人员完成，因此，为保证整个系统的安全运行，需要通过鉴权口令的方式为站点的各种操作角色加密，保证所有对网站的操作都是在符合管理规范的情况下进行的，防止越权和非法操作。

②站点内容管理。网站后端的主要工作是维护网站前端提供的各种信息数据，如站点的新闻、产品、各种分类信息以及公示的公告等。这些内容的管理模块即站点内容管理模块。

③数据库管理。数据库是一种用来存储、操作和管理数据的工具软件。绝大多数网站都采用数据库来管理各种数据信息，以此来更新站点的内容。网站后端用于操作数据库的

模块即数据库管理模块。

3. 网站的类型

网站种类繁多，涉及方方面面，如日常生活、娱乐游戏、商业活动以及新闻资讯等。下面我们就来认识几种常见的网站：

（1）个人网站。

个人网站（图 1–1）是指可以发布个人信息及相关内容的小型网站，即网站内容是介绍自己或者是以自己的信息为中心的网站。

图 1–1　个人网站

（2）企业网站。

企业网站（图 1–2）是企业在互联网上进行网络营销和形象宣传的平台，相当于企业的网络名片，不仅对企业的形象进行了良好的宣传，还辅助企业进行销售、宣传、产品资讯发布、招聘等，直接帮助企业实现产品的销售。

（3）娱乐游戏网站。

娱乐游戏网站（图 1–3）大多是以提供娱乐信息、流行音乐以及各种游戏为主的网站，具有非常强的实效性。因此，娱乐游戏网站的页面具有丰富的信息。

图 1-2　企业网站

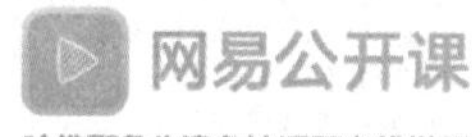

图 1-3　娱乐游戏网站

（4）综合门户网站。

综合门户网站（图 1–4）是指以提供新闻、搜索引擎、聊天室、免费邮箱、影音资讯、电子商务、网络社区、网络游戏、免费网页等服务为主的网站，它将互联网上的大量信息进行整合、分类，为用户打开方便之门。在该类网站上，用户可以浏览到各方面的资讯。

图 1–4　综合门户网站

（5）行业信息网站。

行业信息网站（图 1–5）是指能够满足某一特定领域上网的人群需求的网站。这类网站的内容和服务都更为专业。

图 1–5　行业信息网站

（6）电子商务网站。

电子商务网站（图 1–6）是指为消费者与卖家搭建的一个网络平台。它将网络信息、商品、物流与资金结合起来，从而实现商务活动。

图 1–6　电子商务网站

4. 富客户端

（1）富客户端的概念。

富客户端（Rich Interface Applications，RIA），俗称胖客户端，它利用具有很强交互性的富客户端技术来为用户提供一个更高和更全方位的网络体验。

（2）RIA 的优势。

RIA 具有的桌面应用程序的特点包括：在消息确认和格式编排方面提供用户互动界面；在无刷新页面的情况下提供快捷的界面响应时间；提供通用的用户界面特性如拖放式（drag drop）以及在线和离线操作能力。RIA 具有的 Web 应用程序的特点包括立即部署、跨平台、采用逐步下载来检索内容和数据，以及可以充分利用被广泛采纳的互联网标准。RIA 具有通信的功能包括实时互动的声音和图像。

客户机在 RIA 中的作用：①展示页面；②在幕后与用户请求异步进行计算、传送和检索数据；③显示集成的用户界面；④综合使用声音和图像。这些都可以在不依靠客户机连接的服务器或后端的情况下进行。

（3）RIA 目前的发展态势。

在过去的 2 ~ 3 年，Web 开发人员一直想构建一种比传统 HTML 更丰富的客户端：它是一个用户接口，它比用 HTML 能实现的接口更加健壮、反应更加灵敏且具有令人感兴趣的可视化特性。RIA 的出现允许我们在互联网上以一种像使用 Web 一样简单的方式来部署 RIA 程序。无论将来 RIA 是否能够如人们所猜测的那样完全代替 HTML 应用系统，对于那些采用 C/S 架构的 RIA 技术运行复杂应用系统的机构和采用基于 B/S 架构的瘦客户端技术部署 Web 应用系统的机构来说，RIA 确实提供了一种廉价的选择。

（4）RIA 未来的发展预测。

就目前 RIA 的使用情况而言，离“RIA 时代”还有很远的一段距离。今后几年时间内传统的 Web 应用程序和 RIA 将会共存。

不管 RIA 今后会不会成为主流应用程序，人们对开发具有高度互动性、丰富用户体验以及功能强大的客户端的追求都是不变的。我们有理由相信，拥有成熟技术和极高市场占有率的 Flash 客户端将会在 RIA 的道路上越走越远。

（二）网页

1. 网页的相关概念

网页（Web Page）是指人们在浏览网站时，看到的一个个画面。它实际上是一个文件。网页上有文字、图像、声音及视频等信息，它可以看成一个单一体，或者是网站的一个元素。

首页（Home page）是一个单独的网页，和一般网页一样，可以存放各种信息，但首页又是一个特殊的网页，是整个网站的起始点和汇总点。例如，当浏览者输入搜狐网站地址时，即可看到搜狐网站的首页，如图 1–7 所示。

图 1–7 搜狐网站的首页

网站为方便浏览者查找和分类浏览网站的信息，将信息分类，并建立一个网页以放置网站信息的目录，即网站的主页。

并非所有的网站都将主页设置为首页，有的网站喜欢在首页放置一段进入动画，并将主页的链接放在首页上，浏览者单击首页的链接即可进入主页。

2. 网页的特点

网页特点主要体现在以下几个方面：

（1）图形化的界面。

在一个页面上同时显示色彩丰富的图形和文本，可以提供将图形、音频和视频等集于一体的信息资源。

（2）交互式的操作。

当用户向 Web 提出请求后，Web 就会提供给用户需要的信息。例如，用户在百度或 Google 搜索引擎中输入想查看的信息，确认搜索后，服务器将给出相关网站的网址，这就是一个交互行为。Web 允许用户在大量的信息中选择自己感兴趣的信息，然后跳转到相应的 Web 页面。

（3）分布式的存储。

在网页中有大量的图形、音频和视频信息，这会占用相当大的磁盘空间，没有必要将所有的信息都存储在一起，可以将其存放在不同的站点中，根据查询的情况选择信息。

（4）兼容的系统平台。

网页使用与系统平台无关，无论是 Windows、UNIX、Macintosh 还是安卓等，用户都可以通过互联网访问网页，系统平台对用户浏览网页没有限制。

（5）Web 的可设计性。

Web 成为互联网上第一种适用于图形设计的服务器，其酷、炫、靓的网页会给浏览者留下深刻印象，并为网站带来较多的访问量。如图 1-8 所示，在百度搜索栏中输入“黑洞”一词除了能搜索到“黑洞”的内容之外，在显示时还会出现“黑洞”的动态显示效果。

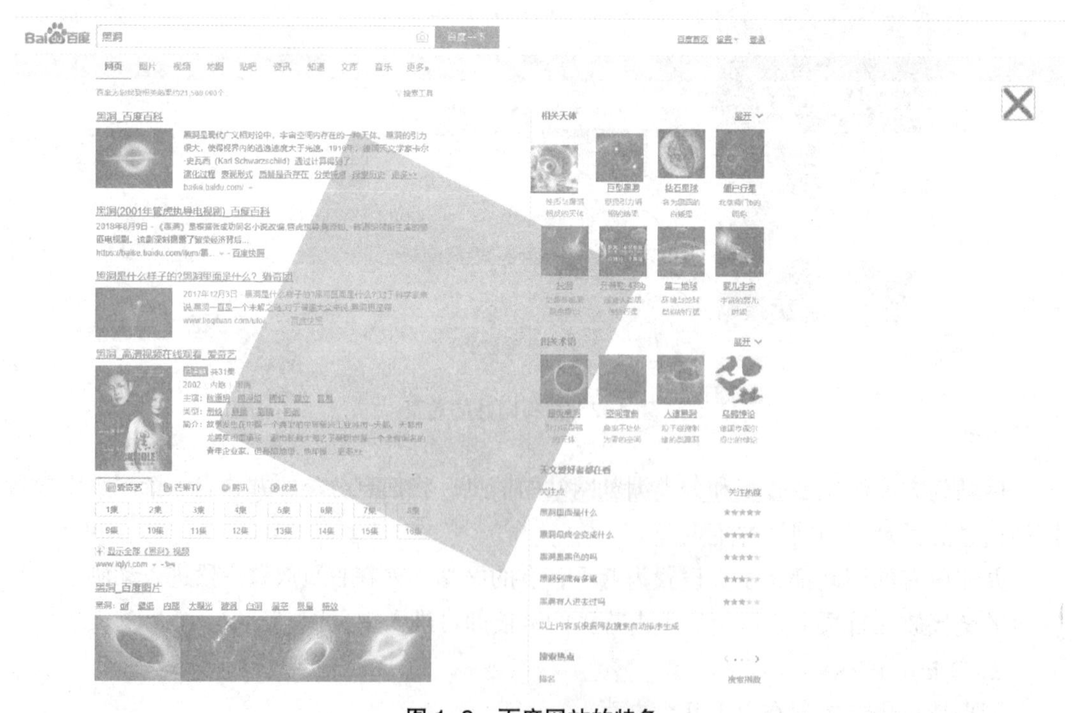

图 1-8　百度网站的特色

（6）信息的时效性。

Web 站点上的信息是动态的、经常更新的，一般各信息站点都会尽量保证信息的时效性。

3. 网页的类型

常见的网页有静态网页和动态网页两大类：

（1）静态网页。

静态网页是指没有后台数据库、不含程序代码和不可交互的网页。运行于客户端的程序、插件和组件等都属于静态网页。在网页中看到的静态网页文件通常是以 .htm 或 .html 为扩展名的，称为 HTML 文件。静态网页访问方式如图 1–9 所示。

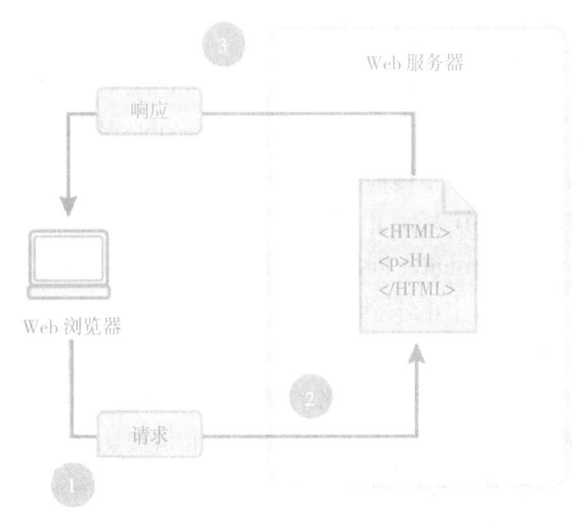

图 1–9　静态网页访问方式

需要注意的是，静态网页并非没有动画的网页，这种网页完全由 HTML 标签构成，对浏览器发出的请求可以直接做出响应，制作起来速度快、成本低。静态网页的模板一旦确定下来，不宜修改，更新比较费时费力。

（2）动态网页。

动态网页是与静态网页相对的一种网页。静态网页随着 HTML 代码的生成，页面的内容和显示效果就基本上不会发生变化了——除非修改页面代码。而动态网页的页面代码虽然没有变，但是显示的内容却是可以随着时间、环境或者对数据库的操作而发生改变的。

需要强调的是，不要将动态网页和页面内容是否有动感混为一谈。这里所说的动态网页，与网页上的各种动画、滚动字幕等视觉上的动态效果没有直接关系。动态网页既可以是纯文字内容的，也可以是包含各种动画的内容，这些只是网页内容的具体表现形式。无论网页是否具有动态效果，只要是采用了动态网站技术生成的网页都可以称为动态网页。

总之，动态网页是基本的 HTML 语法规范与 Java、VB、VC 等高级程序设计语言，数据库编程等多种技术的融合，以期实现对网站内容和风格的高效、动态和交互式的管理。因此，从这个意义上来讲，凡是结合了 HTML 以外的高级程序设计语言和数据库技术的网页编程技术生成的网页都是动态网页。

二、网页设计标准

网页设计标准包括网页结构标准和网页样式标准。

（一）网页结构标准

网页结构标准用于展示网站前端的内容，目前广泛被支持的网页结构标准主要包括 XHTML 结构语言和 HTML5.0 结构语言等。

1.XHTML 结构语言

XHTML 结构语言（eXtensible Hyper Text Markup Language，可扩展的超文本标记语言）是由传统的 HTML 发展而来的，并以 XML 语言（eXtensible Markup Language，可扩展的标记语言）的严格规范重新订制的结构语言。

2000 年 1 月 26 日，XHTML 语言正式被一个非政府的万维网标准制定和推广组织——W3C（World Wide Web Consortium，国际万维网协会）发布和提交给 ISO（International Organization for Standardization，国际标准化组织），成为网页设计的国际标准化开发语言，替代了早期的 HTML3.2 和 HTML4.0。

XHTML 语言的特点：具有严谨和严格的结构与书写格式，因此在被各种设备和软件解析时更加高效和便捷；具有较强的扩展性，XHTML 可以为各种不同类型的终端设备所支持；XHTML 在绝大多数语法和标记的使用上都能够兼容传统的 HTML，因此一经推出立即被业界接受，并被迅速在大范围应用。

2.HTML5.0 结构语言

HTML5.0 结构语言是一种由 XML 和 HTML4.0 衍生而来的全新结构化语言。相比传统的 XHTML，HTML5.0 最大的特点是采用了全语义化的设计，通过大量新增的语义化标记来规范页面内容，防止 XHTML 存在“DIV 布局包打天下”的问题。这样的设计既可以让开发者更方便地对文档内的内容进行分类处理，也可以帮助搜索引擎更快地检索页面的内容。

HTML5.0 结构语言于 2006 年立项，由 W3C 和 WHATWG（Web Hypertext Application Technology Working Group，Web 超文本技术工作小组）共同开发完成。作为 XHTML 1.0 的未来代替者，HTML5.0 目前已完成大部分草案，其部分功能已为一些较新的 Web 浏览器所支持。2012 年年中，W3C 推出了一个新的编辑团队，负责创建 HTML5.0 推荐标准，并为下一个 HTML 版本准备工作草案。

HTML5.0 的已有草案设计基于以下原则：

（1）减少对外部插件的需求。

HTML5.0 内置了许多交互功能，提供了 Canvas 标记来实现矢量图形绘制，并计划在

Web 浏览器中内置视频音频的编解码工具，从而减少对第三方插件（如 Flash、Silver Light 等）的依赖，希望未来通过纯净的 Web 浏览器就能实现该功能。

（2）取代脚本的标记。

HTML5.0 提供了多种之前必须由脚本语言实现的功能，以减少前端开发者的负担，增强 Web 页的交互性。

（3）独立于设备以外。

HTML5.0 本身与设备无关，即无须根据播放 Web 页的设备来单独编写新的 Web 页。一个 HTML5.0 的页面可适应大多数设备。其中，XHTML 为了适应手持设备，专门开发了一个 XHTML Mobile 语言。

（4）仍然基于 DOM。

DOM（Document Object Model，文档对象模型）是 W3C 组织推荐的处理可扩展语言的标准编程接口。它是一种与平台和语言无关的应用程序接口（Application Programming Interface，API），它可以动态地访问程序和脚本，更新其内容、结构和 WWW 文档的风格相似（目前，HTML 和 XML 文档是通过说明部分定义的）。文档可以进一步被处理，处理的结果可以加入当前的页面。DOM 有以下两种：一种是基于树的 API 文档，它要求在处理过程中整个文档都在存储器中；另一种是简单的 API 基于事件的 SAX，它可以用于处理很大的 XML 文档，因为大，所以不适合全部放在存储器中处理。

为提高兼容性，并适应过去旧有版本的 JavaScript、CSS（Cascading Style Sheets，层叠样式表），在 HTML5.0 中仍然基于 DOM 设计。因此，旧的 DOM 对象、方法和属性在 HTML5.0 中仍然可以使用，降低了开发者的学习曲线。

（二）网页样式标准

早期的 Web 应用是通过 HTML 不完善的表现描述功能实现 Web 元素的样式变换的。由于 HTML 功能的局限性，一些 Web 浏览器的开发者研发了各种样式表现语言来对 Web 元素进行增强描述，使得样式描述语言越来越混乱。

1994 年，同在欧洲原子能研究组工作的哈康·列（Hhkon Wium Lie）、蒂姆·伯纳斯·李爵士（Sir Tim Berners-Lee）以及罗伯特·卡里奥（Robea Cailliau）结合之前已经被使用的各种样式语言，共同研究和发明了一种全新的样式描述语言 CSS，通过选择器、样式代码的键值对方式来描述 Web 页面的各种元素。

1995 年，哈康·列对外正式发布了 CSS 样式表语言，并和 W3C 进行了讨论，对 CSS 样式表语言进行了修订，使其更加符合 Web 语言的特性。

1996 年，CSS 样式表语言的第一版正式完成，并于当年 12 月发布，被称作 CSS1.0。该语言推出后，并未被广泛采用。世界上第一款完全支持 CSS1.0 的 Web 浏览器是 2000 年微软公司开发的运行于 Macintosh 系统的 Internet Explorer5.0。随后，随着 Internet Explorer 版本的升级和市场份额的逐渐扩大，CSS1.0 才得以广泛使用。

W3C 在 1998 年 5 月发布了更新的 CSS2.1 规范，修改了 CSS1.0 的一些错误和不被支

持的内容，并增加了一些已经被多种 Web 浏览器添加的扩展内容，但是时至今日，尚未有任何一款 Web 浏览器完全支持所有 CSS2.1 的内容，虽然 CSS2.1 是当前的事实标准。

CSS 的更新版本 CSS3.0 于 1999 年开始制订，但由于其发展方向不断被修改和订正，直至 2011 年 6 月，CSS3.0 才为 W3C 的 CSS 发展小组发布，成为公开的 Web 开发标准。现在的 Web 浏览器基本都支持 CSS3.0 的各种功能。当前绝大多数最新版本的 Web 浏览器都已经能够正确地显示绝大多数由 CSS3.0 开发的各种网站的界面效果。

第二节　网页制作软件

一、Dreamweaver 软件

Dreamweaver（简称 DW），中文名称“梦想编织者”，最初为美国 Macromedia 公司开发，2005 年被 Adobe 公司收购。Dreamweaver 是集网页制作和管理网站于一身的所见即所得的网页代码编辑器。它利用对 HTML、CSS、JavaScript 等内容的支持，设计师和程序员可以在几乎任何地方快速制作和进行网站建设。

Dreamweaver 使用的所见即所得的接口也有 HTML（标准通用标记语言下的一个应用）编辑的功能，借助经过简化的智能编码引擎，轻松地创建、编码和管理动态网站；访问代码提示，即可快速地了解 HTML、CSS 和其他 Web 标准；使用视觉辅助功能减少错误并提高网站开发速度。

本书使用 Dreamweaver CS6 版本。Dreamweaver CS6 初始界面如图 1-10 所示。

图 1-10　Dreamweaver CS6 初始界面

二、Photoshop 软件

Photoshop（简称 PS），是由 Adobe Systems 开发和发行的图像处理软件。

Photoshop 主要处理由像素构成的数字图像。使用其众多的编修与绘图工具，可以有效地进行图片编辑工作。Photoshop 功能强大，在图像、图形、文字、视频、出版等各方面都有涉及。

2003 年，Photoshop 8.0 被更名为 Photoshop CS。2013 年 7 月，Adobe 公司推出了新版本的 Photoshop CC。自此，Photoshop CS6 作为 Adobe CS 系列的最后一个版本被新的 CC 系列取代。

本书使用 Photoshop CC 版本。Photoshop CC 版本初始界面如图 1–11 所示。

图 1–11　Photoshop CC 初始界面

三、Flash 软件

Flash 是由 Macromedia 公司推出的交互式矢量图和 Web 动画的标准，由 Adobe 公司收购。从事 Flash 动画制作的人被称为闪客。网页设计者使用 Flash 软件创作出既漂亮又可改变尺寸的导航界面以及其他奇特的效果。

Flash 的前身是 Future Wave 公司的 Future Splash，是世界上第一个商用的二维矢量动画软件，用于设计和编辑 Flash 文档。1996 年 11 月，美国 Macromedia 公司收购了 Future Wave，并将其改名为 Flash。后又于 2005 年 12 月 3 日被 Adobe 公司收购。Flash 通常也指 Macromedia Flash Player（现为 Adobe Flash Player）。2012 年 8 月 15 日，Flash

退出 Android 平台，正式告别移动端。2015 年 12 月 1 日，Adobe 将动画制作软件 Flash professional CC 2015 升级并改名为 Animate CC 2015.5，从此与 Flash 技术划清界限。

本书使用 Flash CS6 版本。Flash CS6 初始界面如图 1–12 所示。

图 1–12　Flash CS6 初始界面

第三节　网页规划设计

一、网页设计流程

（一）明确网站主题

网页要有一个明确的主题，网页主题就是建立网页包含的内容，找准一个感兴趣的内容，做深、做透，做出自己的特色，这样才能给用户留下深刻的印象。网站的主题无定则，任何内容都可以，但主题要鲜明，在主题范围内，内容做到大而全、精而深。

（二）搜集材料

明确网页的主题以后，就要围绕主题开始搜集材料了。要想让自己的网站富有特色，能够吸引用户，就要多搜集材料，这样制作网页就相对容易些。材料可以从图书、报纸、光盘、多媒体、互联网上搜集，然后把搜集的材料去粗取精、去伪存真，作为制作网页的素材。

（三）规划网页

网页设计得好不好取决于设计者的规划水平。网页规划包含的内容很多，如网页的结构、栏目的设置、网页的风格、颜色搭配、版面布局、文字图片的运用等，在制作网页之前把这些方面都考虑齐全了，才能在制作时驾轻就熟、胸有成竹，制作出来的网页才更有个性、有特色，具有吸引力。

（四）选择合适的制作工具

网页制作涉及的工具比较多，图片编辑工具有 Firework 、Photoshop 等，动画制作工具有 Flash 等。

（五）制作网页

上述步骤都做好后，就可以开始按照规划一步步制作网页了。在制作网页时，先把大的结构设计好，然后再逐步完善小的结构设计。在设计时，先设计出简单的内容，然后再设计复杂的内容，以便出现问题时好修改；可以灵活运用网站管理系统后台功能，这样可以提高制作效率。

（六）上传到 Web

网页制作完毕，要发布到 Web 服务器上，才能够让用户看到。现在上传的工具有很多，推荐使用 LeapFTP 软件，能方便地把网站内容发布到自己制作的网站存放服务器上。

（七）推广宣传

网站制作好之后，还要进行宣传，这样才能提高网站的访问率和知名度。推广的方法有很多，如在搜索引擎上注册、与其他网站交换链接、加入广告链等。

（八）维护更新

网页要经常维护更新内容，保持内容的新鲜度，只有不断地更新内容，才能够吸引用户浏览。

二、网页设计的基本要求

网页设计要遵循以下要求。

（一）网址

1. 注册域名

如果条件允许，要为站点注册不同的拼写、缩写或常见的拼写域名。如果域名有不同的拼写方法，选择一个作为正式版本，将其他拼写的网址重新定向到该网址上。

2. 网站域名

商业网站的主页应该具有“www. 公司名 .com”或“www. 公司名 .com.cn”这样的域名。不要在域名后面添加复杂的代码甚至是“index.htm”之类的内容。

（二）新闻和公告信息

1. 标题简洁

标题应该用叙述语言，并使用尽量少的文字表达尽量多的信息。

2. 新闻内容提要

新闻内容提要应尽量用具体的内容来吸引用户单击并阅读全文。

3. 新闻提要中不出现日期和时间

不必在新闻提要中列出日期和时间，除非它确实是一条爆炸性新闻并且经常更新。

（三）数字、时间和日期

1. 数字

当显示一列数字时，要对齐小数点。

2. 时间和日期

（1）仅对时间敏感的信息显示日期和时间，无须显示星期几；显示最后更新的时间，而不是计算机生成的时间。

（2）不要只用数字表示日期，如“010203”，它可能是2月1日，也可能是1月2日，因为有些国家的表达习惯不同。

（四）弹出式窗口和引导页面

1. 尽量避免弹出式窗口

大量的弹出式广告早已使用户深恶痛绝，现在用户已经形成了一个共识——弹出的窗口通常都是广告。

2. 跳转主页

当用户输入主页网址时或在其他页面上单击网站的链接时，要跳转到真正的主页。

（五）链接

1. 注意链接名称

不要用普通的指令作为链接名称，如“单击”“Click”等；而要用有意义的名称，如“单击下载”。

2. 用不同的颜色来表示链接状态

用容易区分的、不太饱和的颜色表示访问过的链接。此外，被访问过的链接颜色不要和正文颜色相同。

3. 使链接更容易阅读

用带更多信息的文字作为链接的开头，要精心设计、处理链接文字，使之言简意赅。

（六）控件

1. 尽量少用下拉菜单

下拉菜单通常是最无用的导航工具。要避免使用过长的下拉菜单，它们将使用户难以有效地操作，并且使用户将精力花在区分列表中的各项上。

2. 控件可单击

无数次调查发现，用户会小心谨慎地单击图形化链接，如果图形处于不可单击状态，用户就会认为整行都不是链接，甚至在单击可链接文字时也这样认为。

（七）主页内容

1. 尽量少用命令式语言

除非在法定，或者约定俗成的工作时，或者做适当强调时，才使用诸如“输入城市或政编码”等命令语言。在页面上，用户很自然地会被这些提示文字所吸引，尤其当文字后面是一个熟悉的控件时，如果是一个输入框或下拉菜单，用户经常会忠实地按照指令去做，因为用户认为必须按照指令说的那样做。

2. 避免冗余内容

为了强调某些条目（如类别或链接）的重要性而不断地在主页上重复它们，反而会减少受关注的程度，而且冗余的条目使页面看起来更显拥挤，导致所有的条目都不再引人注目。为了突出某些内容，应将其放在一个清晰的位置。

3. 避免使用空格、停顿

为强调效果，要避免不恰当地使用空格和停顿。

4. 不使用成语、行话

如果使用成语、行话，用户很难明白在说什么。

5. 使用用户关注的词语

类别和科目要按照用户的取向划分，而不是按照公司的取向划分。

本章主要介绍了网站与网页的基础知识、制作网页常用的工具以及制网页设计的流程和基本原则。

课后练习

1. 简述网站的构成。
2. 网页具有哪些特点？
3. 常用的网页制作软件有哪些？
4. 网页设计的流程是什么？
5. 网页设计的基本原则是什么？

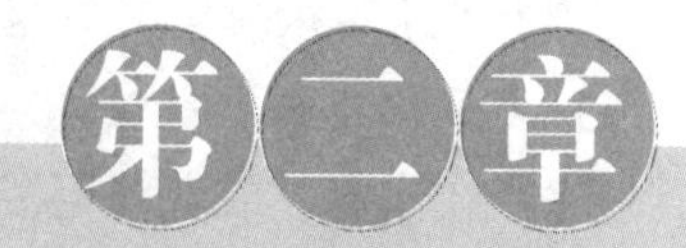

Photoshop 软件的使用

【知识目标】

1. 了解 Photoshop CC 的基本界面内容。
2. 掌握 Photoshop CC 的操作方法。
3. 了解 Photoshop 图层的使用方法。
4. 掌握图像的选取方法。
5. 掌握操作选区的方法。

【技能目标】

1. 能够熟练使用 Photoshop CC 的各种工具。
2. 能够正确操作设计方案文件。
3. 能够正确使用 Photoshop 的图层模式。
4. 能够选择正确的 Photoshop CC 工具选取图像。
5. 能够正确操作选区。

【知识导图】

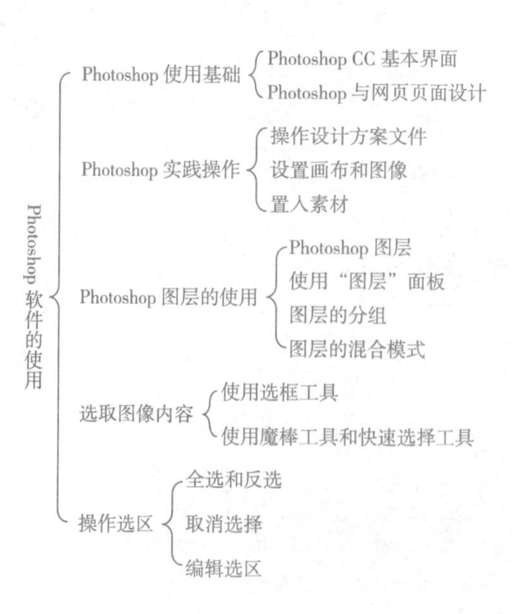

第一节　Photoshop 使用基础

一、Photoshop CC 基本界面

作为最新版本的 Photoshop 软件，Photoshop CC 采用了全新的界面体系，增强了用户界面的自定义性能，其主体界面如图 2-1 所示。

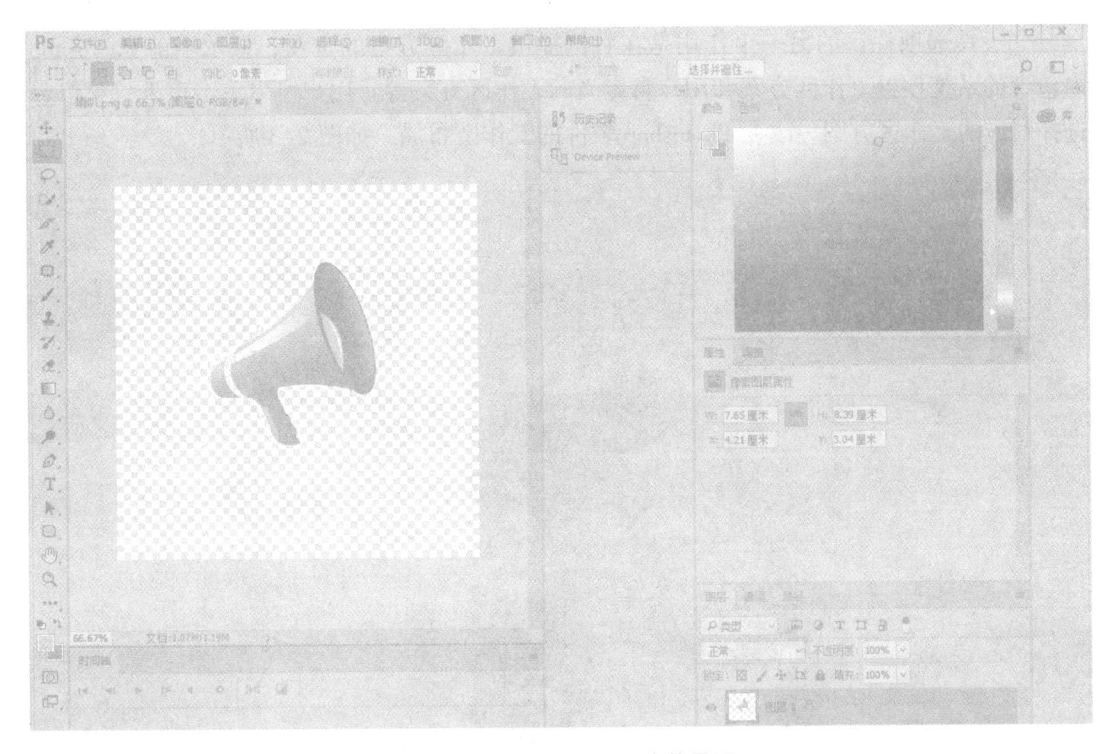

图 2-1　Photoshop CC 主体界面

在 Photoshop CC 主体界面中，主要分为六大功能区域，包括标题菜单栏、工具选项栏、工具箱、图像内容区、压缩面板栏和展开面板栏。

（一）标题菜单栏

为尽量节省界面空间，Photoshop CC 将传统应用程序的标题栏和菜单栏合并为“标题菜单栏”，并完整地整合了这两个区域的功能。在“标题菜单栏”中，最左侧是 Photoshop 的软件图标，然后是 11 个菜单按钮。

（二）工具选项栏

“工具选项栏”的一个作用是根据用户当前选择的操作工具，显示该操作工具对应的进阶操作选项。通常情况下，当某个 Photoshop 的工具处于激活状态时，“工具选项栏”的左侧都会显示该工具可以进行的设置或操作的状态。例如，当选中了“移动工具”之后，“工具选项栏”就会显示移动工具的各种设置，包括移动的模式（以组的方式移动还是以图层的方式移动）和排列选项等，如图 2-2 所示。

图 2-2 “移动工具”的“工具选项栏”

“工具选项栏”的另一个作用是在右侧提供工作区方案的选项，显示当前 Photoshop 内包含的系统预置工作区方案和用户自定义的工作区方案等。用户可以单击该下拉菜单，选择对应的工作区方案，改变 Photoshop 软件的工作区布局，如图 2-3 所示。

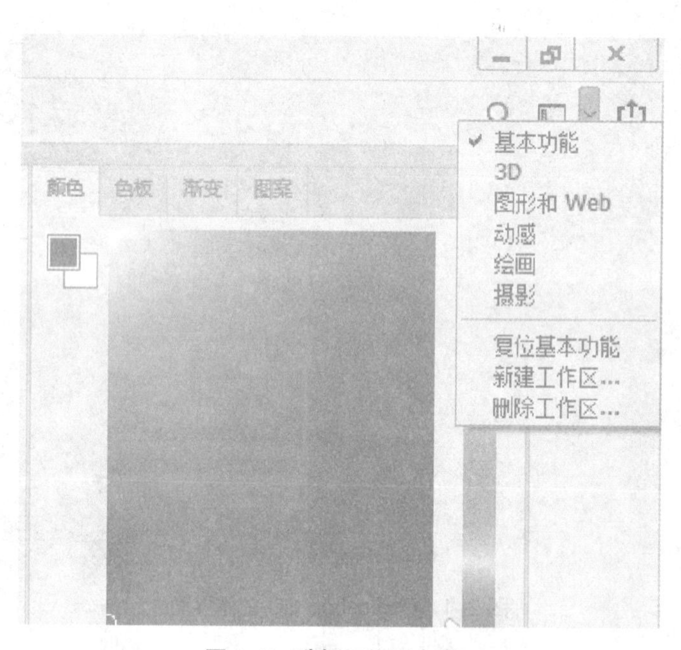

图 2-3 选择工作区方案

（三）工具箱

“工具箱”的作用是提供 Photoshop 图形绘制和图像设计所必须使用的各种工具按钮。每一种工具都代表着 Photoshop 中的一种基本功能，如图 2-4 所示。

早期 Photoshop 软件中的“工具箱”往往只包含少量的工具，随着 Photoshop 版本的升级和功能的增强，“工具箱”中的工具也逐渐增加。在 Photoshop CC 版本中共提供了 72 种工具。

（四）图像内容区

“图像内容区”的作用是显示当前 Photoshop 正在编辑的图像预览图以及对该图像的编辑效果。“工具箱”中的各种工具都可以对“图像内容区”中的内容进行操作。

在 Photoshop CC 中，用户可以同时打开多个图像或设计方案，“图像内容区”将以选项卡的方式来显示这些图像或设计方案。用户可以通过“图像内容区”顶部的选项卡来对多个被编辑的图像进行切换。例如，同时打开“P930.jpg”和“GPS-3 卫星 .jpg”两幅图像，单击“GPS-3 卫星 .jpg”图像的选项卡，即可显示该图像的预览效果，如图 2-5 所示。

“图像内容区”的下方提供了一个状态栏，该状态栏有两种功能：一是在左侧显示当前图像或设计方案的缩放比例，并允许用户输入数字来设置个性化的缩放比例；二是在缩放比例右侧显示当前图像或设计方案的实际文件大小和压缩文件大小。

如果当前打开的图像或设计方案超出了“图像内容区”的显示范围，则图像内容区会在右侧和下方显示滚动条，允许用户拖拽滚动条来查看图像的完整内容。

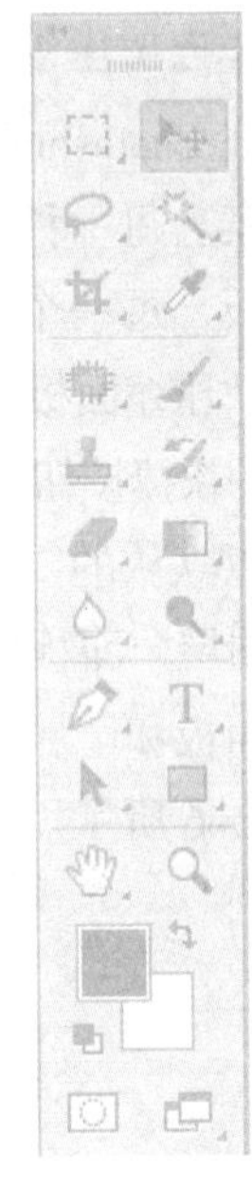

图 2-4 Photoshop CC “工具箱”的工具

图 2-5 显示第二个图像（GPS-3 卫星 .jpg）选项卡

（五）压缩面板栏和展开面板栏

在 Photoshop CC 中，用户可以采用软件预置的工作区方案，或者自行修改和定义工作区方案。每一种工作区方案都会特定地在“压缩面板栏”和“展开面板栏”显示几个相关的面板，每一个面板都会提供指定的若干功能。

“压缩面板栏”和“展开面板栏”的作用是显示一些常见的面板或面板的快捷按钮。其中，面板的快捷按钮会显示在“压缩面板栏”，而普通展开的面板则会显示在“展开面板栏”。

以默认的“基本功能”工作区布局为例，则会在“压缩面板栏”中显示“颜色”“属性”和“图层”面板的快捷按钮，并在“展开面板栏”中分别将“颜色”“色板”“渐变”“图案”面板和“属性”“调整”面板，以及“图层”“通道”“路径”面板编为三组来显示，如图 2–6 所示。

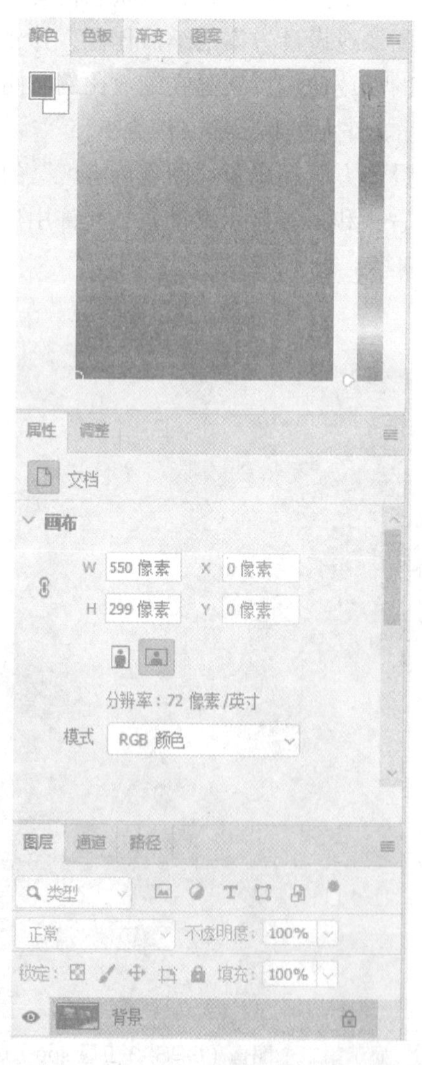

图 2–6　“基本功能”的工作区布局面板显示

二、Photoshop 与网页页面设计

在网页界面的效果设计中，Photoshop 软件起着重要的作用。在实际的设计工作中，Photoshop 软件主要具有以下几方面的功能。

（一）绘制和管理界面元素

（1）Photoshop 提供了“钢笔工具”“矩形工具”等一系列矢量图形绘制工具，允许用户绘制各种按钮、导航栏、图像占位符等网页元素的原型。

（2）Photoshop 还提供了图层工具，允许用户方便地移动、调节这些矢量图形元素的位置、尺寸，形成网页界面的原型设计图。

（3）Photoshop 还提供了快捷的资源导入和导出工具，辅助用户将外部的各种素材资源导入当前的设计方案，高效地将若干设计资源整合成一个完整的方案。

（4）由于 Photoshop 提供了完整的矢量图形编辑和保存功能，可以帮助用户方便地根据实际需求来快速调整设计方案，响应客户的各种需求。

在使用 Photoshop 进行原型设计时，为提高原型的绘制效率，用户可以结合数位板等工具，快速通过线条来实现原型的绘制，如图 2-7 所示。

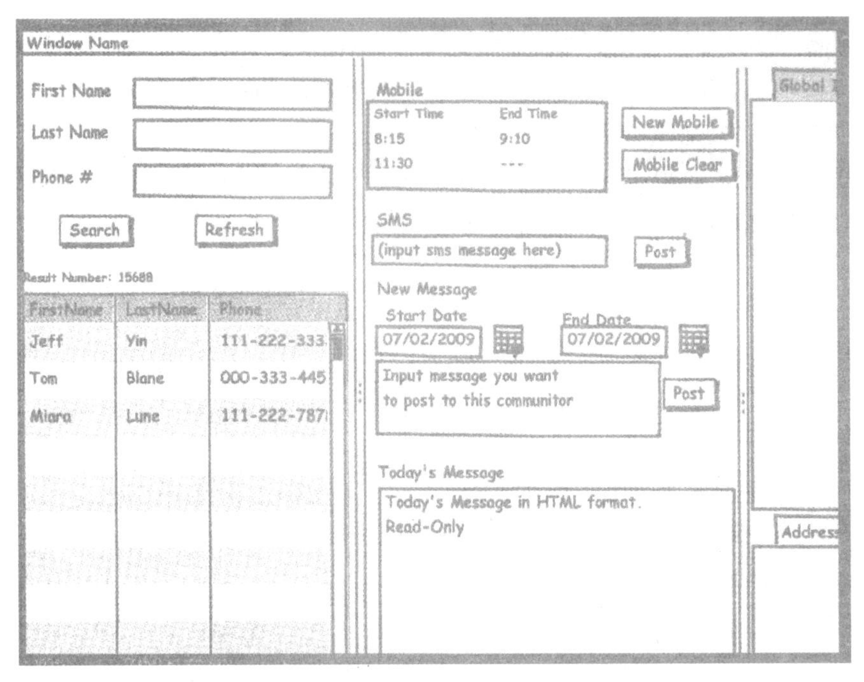

图 2-7　手绘的原型设计图

（二）设计界面元素的效果

除进行原型设计外，用户还可以借助 Photoshop 的各种图层样式、混合模式以及矢量文字工具等，设计网页界面中的页头、导航、条幅、内容区域、侧栏和页脚等界面元素，为其绘制界面皮肤并添加各种投影、描边等效果，实现完整的界面元素效果设计，如图 2-8 所示。

图 2-8　界面元素效果设计

（三）处理网页图像

Photoshop 为用户提供了强大的色彩调节、滤镜以及各种绘制工具，使用 Photoshop，用户可以方便地处理各种照片素材和设计文稿，将其修改和转换为网页界面所需的各种图像素材，如 LOGO、图像、条幅背景、页面背景等。

实际上处理网页图像是 Photoshop 在网页设计中最主要的功能。绝大多数网站所使用的图像素材都需要先经过 Photoshop 的处理，才能输出并上传至网站中，如图 2-9 所示。

图 2-9　使用 Photoshop 处理的网页图像

第二节　Photoshop 实践操作

一、操作设计方案文件

Photoshop 主要支持两种格式的设计方案文件：一种是 PSD 格式的文件，用于存储普通的 Photoshop 设计方案，另一种则是 PSB 格式的文件，用于存储高分辨率和高像素容量的大型设计方案。在网页设计中，通常使用第一种格式的设计方案文件即可。

（一）创建设计方案文件

在 Photoshop 中，用户可以直接执行“文件”｜“新建”命令，或者按 Ctrl+N 键，弹出“新建”对话框，设置新设计方案的各种属性信息，如图 2–10 所示。

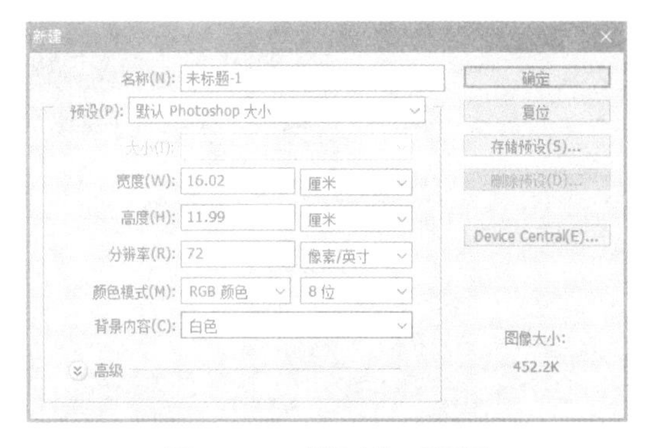

图 2–10　“新建”对话框

“新建”对话框承接了三种功能，即定义设计方案的临时名称、定义设计方案的属性以及管理创建设计方案时的预置属性设置。

在定义了设计方案的各种配置后，单击“确定”按钮，创建设计方案。Photoshop 提供了存储文档预设的功能，在用户完成设计方案的各种配置后，可以单击“存储预设”按钮，弹出“新建文档预设”对话框，如图 2–11 所示。在该对话框中，用户可以选择需要保存的配置项目，将其作为自定义文档预设存储起来，以备将来新建设计方案时使用。

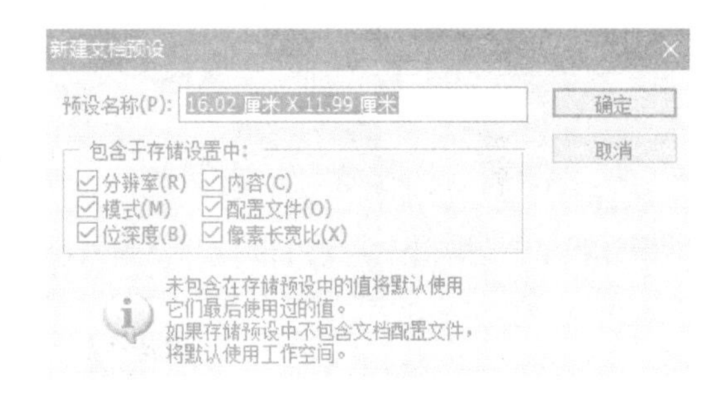

图 2–11　“新建文档预设”对话框

（二）打开设计方案文件

在 Photoshop 中，用户可以通过两种方式打开已经保存的设计方案，即通过执行“文件”｜“打开”命令打开设计方案，或者按 Ctrl+O 键打开设计方案，Photoshop 都会弹出“打开”对话框，允许用户在指定的路径中选择文件，如图 2–12 所示。

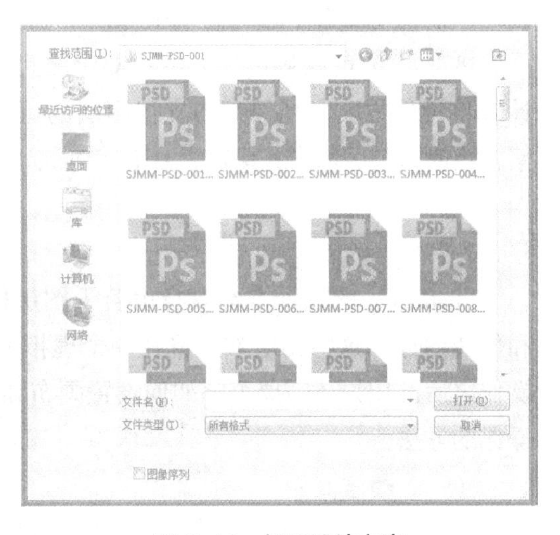

图 2–12　打开设计方案

如果用户需要同时打开多个设计方案，则可以在“打开”对话框中首先选择一个设计方案文件，然后在按 Ctrl 键的同时依次选择需要打开的设计方案，单击“打开”按钮。此时，Photoshop 将会打开所有选择的设计方案文件都打开。

（三）存储设计方案文件

在完成设计方案的编辑和修改之后，用户可以执行“文件”｜“存储”命令或按 Ctrl+S 键，将设计方案保存为文件。此时，Photoshop 弹出“另存为”对话框，如图 2–13 所示。

图 2–13　“另存为”对话框

“另存为”对话框的绝大部分功能与普通 Windows 程序的存储对话框类似，区别在于，其在“保存类型”下拉列表框中提供了 Photoshop 特有的“存储选项”功能。

Photoshop 可以将设计方案存储为多种类型的格式。在网页界面设计中，通常需要设计者将设计方案文档保存为支持图层的可编辑图像，主要为 PSD 格式。在将界面设计方案输出时，应尽量将其保存为 GIF、PNG、JPEG 等格式，以保障 Web 浏览器能够正常显示。

二、设置画布和图像

Photoshop 的设计方案本身由若干图层构成，每一个图层都可以包含矢量图形、文本和位图图像，这些图层被放置在一个虚拟的画布上。在了解了 Photoshop 设计方案文件的操作之后，用户还需要了解如何设置画布和图像的属性，以及对这些画布和属性进行旋转操作的方法。

（一）设置画布

画布是 Photoshop 的一个由纸张绘画引入的虚拟概念，在 Photoshop 的设计方案中，所有的图形、图像、文本都被放置在这样一个虚拟的画布上。Photoshop 允许用户直接修改画布大小，裁剪或扩张设计方案的显示区域。

在 Photoshop 中执行“图像” | “画布大小”命令，弹出“画布大小”对话框，如图 2–14 所示。

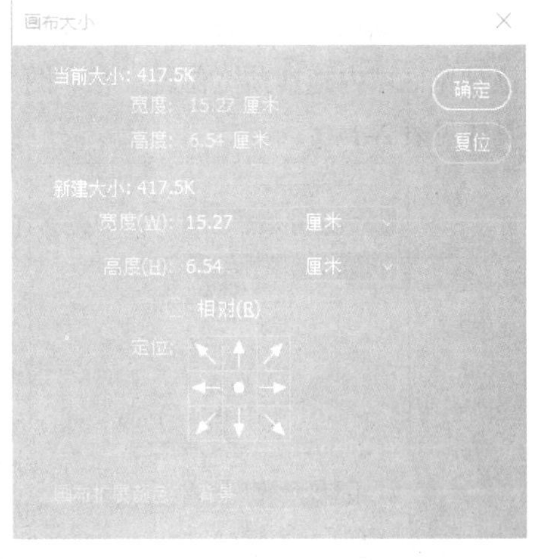

图 2–14　“画布大小”对话框

在“画布大小”对话框中，显示了当前设计方案的大小，包括宽度和高度等，提供了“新建大小”的选项，允许用户直接更改当前设计方案的尺寸以及变更尺寸之后的定位方式。

“画布大小”对话框中提供了两种更改设计方案尺寸的方式：一种是绝对数值更改，即直接在“宽度”和“高度”的右侧设置新的尺寸值和单位；另一种则是相对更改的方法，即选择“相对”复选框，然后在“宽度”和“高度”的右侧设置变更的尺寸值和单位。设置的值为正数表示增加，设置的值为负数则表示减少。

“定位”设置表示变更尺寸时应用的方向，其包含了 8 个分支按钮，表示变更尺寸的 8 个方向。如果单击了左向的箭头，表示对画布左侧增加或减少尺寸，其他按钮可依次类推。

（二）设置图像

Photoshop 允许用户更改图像的尺寸。图像尺寸和画布尺寸的区别在于：更改画布尺寸时，设计方案文档中的所有元素大小不变，Photoshop 会对整个设计方案文档进行裁切或扩展；更改图像尺寸时，所有设计方案文档中的元素都会等比例地缩放。

在 Photoshop 中，执行“图像” | “图像大小”命令或按 Ctrl+Alt+I 键，弹出“图像大小”对话框，如图 2–15 所示。

图 2–15　“图像大小”对话框

在“图像大小”对话框中，左侧提供了当前设计方案的局部预览，用户可以使用鼠标在该预览区域内拖拽预览位置。在“图像大小”对话框右侧，Photoshop 提供了以下几种功能，具体见表 2-1。

表 2-1　Photoshop 提供的功能

选项卡	选项功能
图像大小	显示当前设计方案文档的文件大小
尺寸	显示当前设计方案的图像尺寸，单击左侧的下拉按钮可以更改单位
调整为	调用 Photoshop 的预设尺寸和分辨率，直接应用到当前设计方案文档上
宽度	设置当前设计方案文档的宽度值和单位
高度	设置当前设计方案文档的高度值和单位
分辨率	设置当前设计方案文档的分辨率值和单位
重新采样	更改当前设计方案的像素采样计算方式

在修改设计方案的宽度和高度时，用户可以单击“宽度”和“高度”之间的链条图标，约束设计方案的长宽比。

（三）旋转画布与图像

Photoshop 为用户提供了强大的图像旋转工具，允许用户自由地对画布进行旋转操作。在 Photoshop 中执行“图像”｜“图像旋转”命令，即可查看 Photoshop 的图像旋转系列工具，如图 2-16 所示。

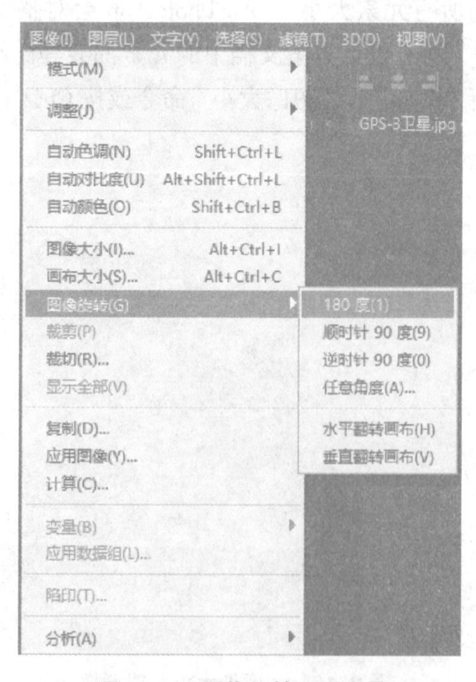

图 2-16　图像旋转系列工具

三、置入素材

（1）在实际的设计工作中，用户可以通过执行“文件”｜“置入嵌入对象”命令来将外部的素材嵌入当前的设计方案文档，如图 2–17 所示。

图 2–17　执行“文件”｜“置入嵌入对象”命令

（2）然后，在弹出的“置入嵌入对象”对话框中查找需要导入的素材，如图 2–18 所示。

图 2–18　“置入嵌入对象”对话框

（3）选择需要置入设计方案文档的素材，单击“置入”按钮，即可将其置入当前设计方案文档中，如图 2–19 所示。

图 2–19　置入的外部素材

Photoshop 通常会将置入的外部素材以智能对象的方式存储。如果用户需要编辑这些外部素材，可以直接在“图层”面板中双击该素材的智能对象，然后调用对应的编辑器来对其进行编辑。

以链接的方式来置入外部素材，其方式与嵌入外部素材类似，用户可以通过执行“文件”｜“置入链接的智能对象”命令，将外部素材链接到当前的设计方案文档中，如图 2–20 所示。

图 2–20　置入链接的智能对象

第三节 Photoshop 图层的使用

一、Photoshop 图层

图层就像一张张堆叠在一起的透明纸，每张透明纸都是一个图层，这么多张透明纸将图像分出层次，上面的图层在前面，下面的图层在后面，并且透过图层的透明区域，可以观察到下面图层的内容，如图 2-21 所示。

图 2-21 图层的原理

在 Photoshop 中，用户为设计方案绘制或添加任何元素，都必须依赖图层。图层技术的应用极大地改进了 Photoshop 的软件体验，使得用户可以专心致志地编辑某个 Photoshop 内的元素，而不必担心影响其他元素。

Photoshop 提供了多种类型的图层，包括像素图层（存储位图）、调整图层（存储滤镜和调整层）、文字图层（存储矢量文本）、形状图层（存储矢量形状）以及智能对象图层（存储智能对象）等，每一种图层都承载着不同类型的设计元素。

在实际的设计工作中，用户可以通过多种方式来创建图层。Photoshop 的设计工作基本上都是围绕图层实现的。

二、使用"图层"面板

Photoshop 提供了"图层"面板，用于显示当前设计方案文档中包含的所有图层，并为用户提供操作图层的各种接口。在学习操作图层之前，首先应了解"图层"面板中的各种功能。

在 Photoshop 中，用户执行"窗口" | "图层"命令或按 F7 键，打开或关闭"图层"面板。"图层"面板的结构与其他 Photoshop 面板类似，如图 2-22 所示。

"图层"面板主要由"筛选"工具栏、"混合模式"工具栏、"属性"工具栏、"图

层”列表和“操作”状态栏五个部分组成，这五个部分共同帮助用户对图层进行操作。

（一）“筛选”工具栏

“筛选”工具栏的作用是为用户查找指定类型或包含名称等信息的图层，对“图层”列表中所显示的图层进行快速筛选。其为用户提供了八种图层筛选和查找的方式，如图 2–23 所示。

图 2–22 “图层”面板

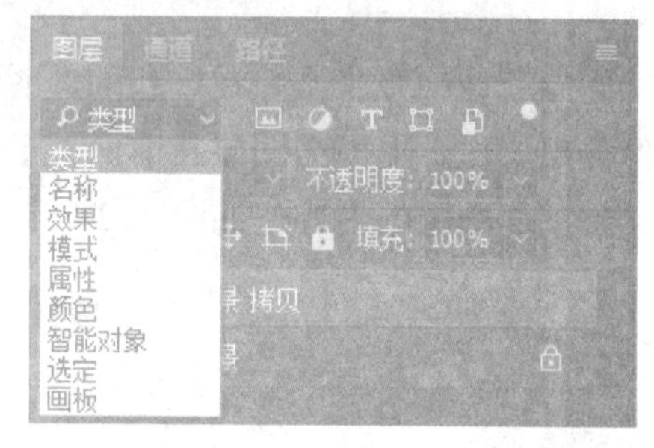

图 2–23 “筛选”工具栏的八种筛选方式

网页的设计方案文档往往包含大量的图层，使用“筛选”工具栏，用户可以快速根据具体的需求精确地找到指定的图层进行处理。

（二）“混合模式”工具栏

“混合模式”工具栏的作用是即时更改图层的混合模式和透明度，实现复杂的图层重叠效果。

（三）“属性”工具栏

“属性”工具栏的作用是提供图层的内容锁定功能和更改图层的填充透明度，如图 2–24 所示。

图 2–24 “属性”工具栏

“属性”工具栏提供了四种锁定方式，包括锁定透明像素、图像像素、锁定位置以及全部锁定等，其功能见表 2–2。

表 2–2 锁定的功能

锁定方式	功能
“锁定透明像素”	锁定图层中的透明区域，禁止使用“画笔”等工具对透明区域进行绘制和修改
“锁定图像像素”	锁定图层中的图像像素，禁止对图像像素进行变形、局部删除等修改（但允许移动其位置）
“锁定位置”	锁定图层中图像像素的位置，但允许对图像像素进行变形、局部删除等修改，也允许使用“画笔”等工具对透明区域进行绘制和修改
“锁定全部”	锁定整个图层，禁止对图层进行任何修改操作

除修改图层的锁定方式外，在“属性”工具栏中，用户还可以修改图层内容的“填充”透明度，它与“混合模式”工具栏的“不透明度”的区别在于，使用“混合模式”工具栏的“不透明度”来设置透明度会同时更改矢量笔触或描边边框的透明度，而使用“填充”透明度，则不会更改矢量笔触或描边边框的透明度。

（四）“图层”列表

“图层”列表的作用是显示当前界面设计方案文档中的所有图层、图层组，或者由“筛选”工具栏进行筛选和检索后符合要求的图层结果，如图 2–25 所示。

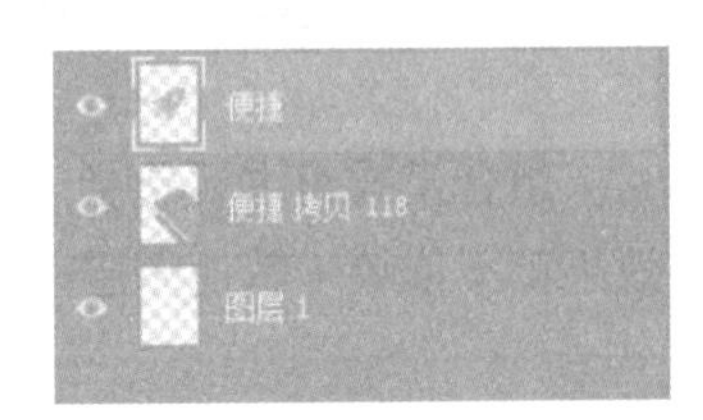

图 2–25　“图层”列表

“图层”列表分为两个部分，其中左侧部分的纵列为图层的可见性开关，右侧部分的纵列则显示图层、图层组的名称和预览以及锁定状态等。

用户可以单击左侧的“指示图层可见性”开关来决定图层是否在画布中显示。如果该开关显示为一个眼睛图标，表示该图层或该图层组下的所有图层在画布中处于显示状态；如果该开关显示为一个空心矩形图标，则表示该图层或该图层组下的所有图层在画布中处于隐藏状态。

（五）“操作”状态栏

“操作”状态栏的作用是为用户提供各种修改、关联图层的工具，帮助用户更好地操作图层，如图 2–26 所示。

图 2–26　“操作”状态栏

三、图层的分组

早期 Photoshop 软件仅支持图层功能，此时用户设计的 Photoshop 文档内如果包含大量的图层，则这些图层往往被以混乱的顺序罗列在“图层”列表中，在不依赖“筛选”工具栏的情况下，用户很难找到某个图层并对其进行修改。

基于此种情况，Photoshop 设计出了一个“图层组”的概念，类似 Windows 操作系统中的文件夹，允许用户将一个或多个图层以编组的形式存放，并允许用户对这一编组统一应用混合模式、样式以及进行批量修改操作等。

用户双击某个图层组，将组中的图层展开显示，可以进行单独的编辑操作，如图 2–27 所示。

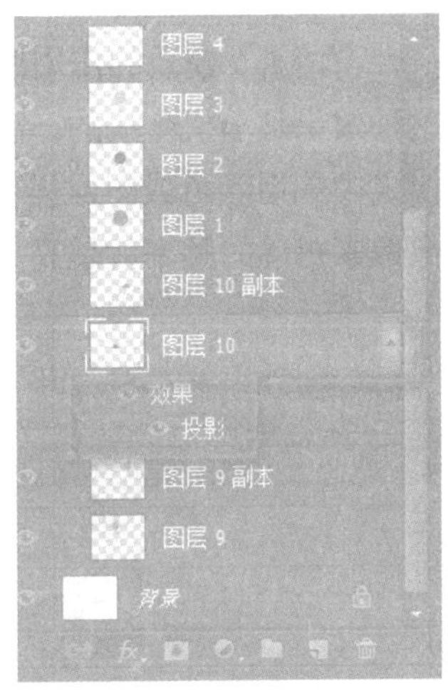

图 2–27　展开的图层组

图层组之间存在嵌套的关系。也就是说，用户可以在一个图层组之内建立一个新的图层组，若干图层组之间可随意相互嵌套，用户通过鼠标拖拽“图层”列表中的图层或图层组，来实现图层组的组合和重组。

四、图层的混合模式

混合模式是指 Photoshop 为图层或图层组提供的一种像素级别的图像叠加融合功能，它允许将若干图层以多种方式糅合，形成新的混合显示效果。

Photoshop 为用户提供了 27 种图像的混合效果，可分为组合模式组、加深模式组、减淡模式组、对比模式组、比较模式组和色彩模式组六类。

（一）组合模式组

组合模式组主要包括“正常”模式和“溶解”模式。“正常”模式和“溶解”模式的效果都不依赖于其他图层；“溶解”模式出现的噪点效果是它本身形成的，与其他图层无关。

1. “正常”模式

“正常”模式的实质是用混合色的像素完全替换基色的像素，使其直接成为结果色，如图 2–28 所示。在实际应用中，通常是用一个图层的一部分去遮盖其下面的图层。“正常”模式也是每个图层的默认模式。

图 2–28　“正常”模式

2. “溶解”模式

“溶解”模式的作用原理：同底层的原始颜色交替，以创建一种类似扩散抖动的效果，这种效果是随机生成的。混合的效果与图层“不透明度”选项有很大关系，通常在“溶解”模式中采用颜色或图像样本的“不透明度”参数值，该值越低，颜色或图像样本同原始图像像素抖动的频率就越高，如图 2–29 所示。

图 2–29　“溶解”模式

（二）加深模式组

加深模式组的效果是使图像变暗，两张图像叠加，选择图像中最黑的颜色在结果色中显示。该模式主要包括“变暗”“正片叠底”“颜色加深”“线性加深”和“深色”等模式。

1.“变暗”模式

“变暗”模式是指通过比较上下图层像素后，取相对较暗的像素作为输出，如图 2–30 所示。每个不同颜色通道的像素都会独立地进行比较，色彩值相对较小的作为输出结果。下层表示叠放次序位于下面的那个图层，上层表示叠放次序位于上面的那个图层。

2.“正片叠底”模式

“正片叠底”模式是指通过查看每个通道中的颜色信息，并将基色与混合色复合，结果色总是较暗的颜色。任何颜色与白色混合保持不变，当用黑色或白色以外的颜色绘画时，绘画工具绘制的连续描边产生逐渐变暗的颜色，如图 2–31 所示。

图 2–30 “变暗”模式

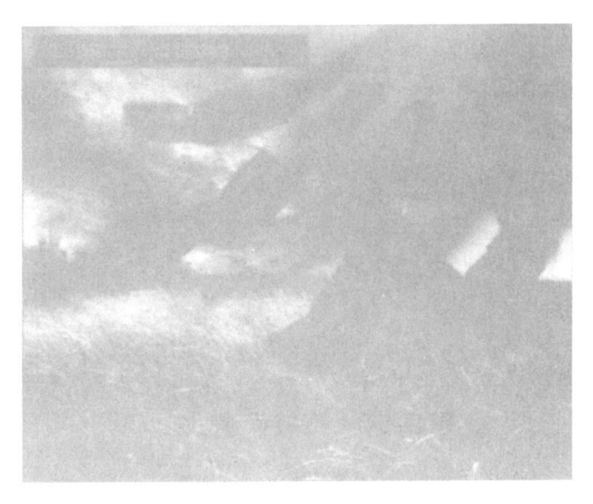

图 2–31 “正片叠底”模式

3.“颜色加深”模式

“颜色加深”模式是指通过查看每个通道中的颜色信息，并通过增加对比度使基色变暗，以反映混合色，与白色混合后不产生变化，对当前图层中的颜色减小亮度值，这样就可以产生更明显的颜色变换，如图 2–32 所示。

4.“线性加深”模式

“线性加深”模式是指通过查看颜色通道信息，并通过减少亮度使基色变暗以反映混合色，与白色混合时不产生变化，如图 2–33 所示。

此模式对当前图层中的颜色减小亮度值，这样就可以产生更明显的颜色变换。“线性加深”模式与“颜色加深”模式不同的是，前者产生鲜艳的效果，而后者产生更平缓的效果。

5.“深色”模式

“深色”模式是指通过查看红色、绿色、蓝色通道中的颜色信息，比较混合色和基色的所有通道值的总和，并显示色值较小的颜色。“深色”模式不会生成第三种颜色，因为它将从基色和混合色中选择最小的通道值来创建结果颜色，如图 2–34 所示。

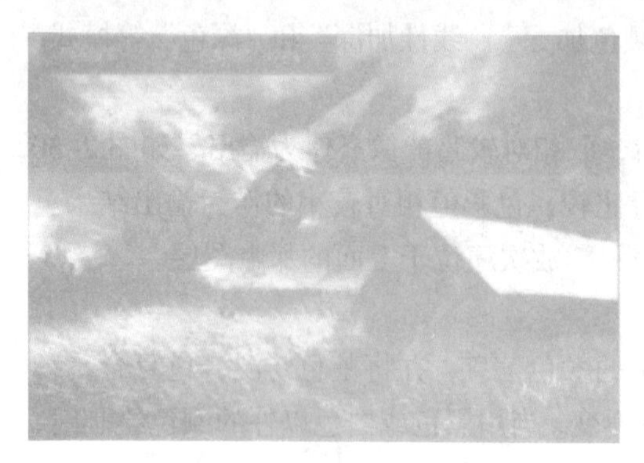

图 2–32 “颜色加深”模式

图 2–33 “线性加深”模式

图 2–34 “深色”模式

（三）减淡模式组

减淡模式组与加深模式组是相反的。使用减淡模式组时，黑色完全消失，任何比黑色亮的区域都可能加亮下面的图像。减淡模式组主要包括“变亮”“滤色”“颜色减淡”“线性减淡”和“浅色”等模式。

1.“变亮”模式

“变亮”模式是指通过查看每个通道中的颜色信息，并选择基色或混合色中较亮的颜色作为结果色，比混合色暗的像素被替换，比混合色亮的像素保持不变，如图 2–35 所示。

2.“滤色”模式

“滤色”模式是指通过查看每个通道的颜色信息，并将混合色与基色复合，结果色总是较亮的颜色。当用黑色过滤时，颜色保持不变；用白色过滤时，将产生白色。就如同两台投影机打在同一个屏幕上，这样两个图像在屏幕上重叠起来结果得到一个更亮的图像，如图 2–36 所示。

图 2–35 “变亮”模式

图 2–36 “滤色”模式

3.“颜色减淡”模式

“颜色减淡”模式是指通过查看每个通道中的颜色信息，并通过增加对比度使基色变亮以反映混合色，与黑色混合则不发生变化，如图 2–37 所示。

4.“线性减淡”模式

“线性减淡”模式是指通过查看每个通道的颜色信息，并通过增加亮度使基色变亮以反映混合色，与黑色混合不发生变化，如图 2–38 所示。

图 2–37　“颜色减淡”模式

图 2–38　“线性减淡”模式

5.“浅色”模式

“浅色”模式是指通过查看红色、绿色、蓝色通道中的颜色信息，比较并求出混合色和基色的所有通道值的总和并显示值较大的颜色。“浅色”模式不会生成第三种颜色，因为它将从基色和混合色中选择最大的通道值来创建结果颜色，如图 2–39 所示。

图 2–39　“浅色”模式

（四）对比模式组

对比模式组综合了加深模式组和减淡模式组的特点，在进行混合时，50%的灰色会完全消失，任何高于 50%灰色的区域都可能加亮下面的图像；而低于 50%灰色的区域都可能使底层图像变暗，从而增加图像的对比度。

对比模式组主要包括“叠加”“柔光”“强光”“亮光”“线性光”“点光”和“实色混合”等模式。

1.“叠加”模式

“叠加”模式是指对颜色进行正片叠底或过滤，具体取决于基色。图案或颜色在现有像素上叠加，同时保留基色的明暗对比，如图 2–40 所示。“叠加”模式不替换基色，但基色与混合色互相混合以反映颜色的亮度或暗度。

2.“柔光”模式

“柔光”模式会产生一种柔光照射的效果，此效果与发散的聚光灯照在图像上相似。

如果“混合色”颜色比“基色”颜色的像素更大一些，那么结果色颜色将更亮；如果“混合色”颜色比“基色”颜色的像素更小一些，那么结果色将更暗，使图像的亮度反差增大，如图 2–41 所示。

图 2–40 “叠加”模式

图 2–41 “柔光”模式

3. “强光”模式

“强光”模式是指复合或过滤颜色，具体取决于混合色。此效果与耀眼的聚光灯照在图像上相似，如图 2–42 所示。

4. “亮光”模式

“亮光”模式是指通过增加或减小对比度来加深或减淡颜色，具体取决于混合色。如果混合色（光源）比 50% 灰色亮，则通过减小对比度使得图像变亮；如果混合色比 50% 灰色暗，则通过增加对比度使得图像变暗，如图 2–43 所示。

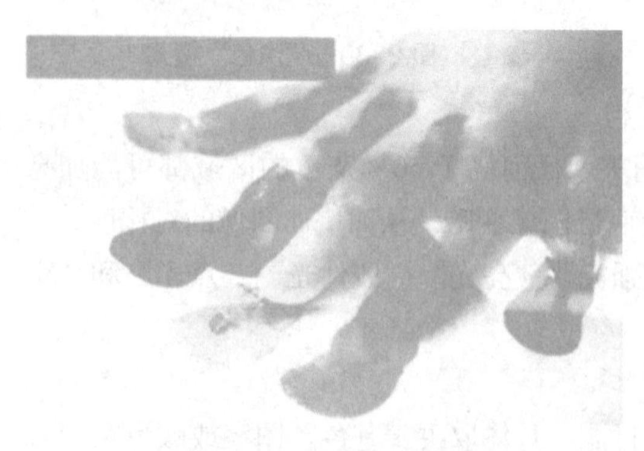

图 2–42 “强光”模式

图 2–43 “亮光”模式

5. “线性光”模式

“线性光”模式是指通过减小或增加亮度来加深或减淡颜色，具体取决于混合色。如果混合色（光源）比 50% 灰色亮，则通过增加亮度使得图像变亮；如果混合色比 50% 灰色暗，

则通过减小亮度使得图像变暗，如图 2-44 所示。

6.“点光”模式

“点光”模式是指根据混合色替换颜色，具体取决于混合色。如果混合色（光源）比 50%灰色亮，则替换比混合色暗的像素，而不改变比混合色亮的像素；如果混合色比 50%灰色暗，则替换比混合色亮的像素，而比混合色暗的像素保持不变，如图 2-45 所示。

图 2-44 “线性光”模式

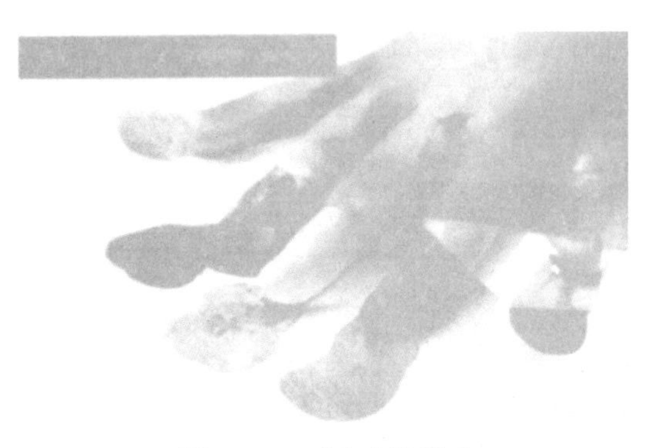
图 2-45 “点光”模式

7.“实色混合”模式

“实色混合”模式是指将混合颜色的红色、绿色和蓝色通道值添加到基色的 RGB 值上。如果通道值的总和大于或等于 255，则值为 255；如果通道值的总和小于 255，则值为 0。因此，所有混合像素的红色、绿色和蓝色通道值要么是 0，要么是 255。这会将所有像素更改为原色：红色、绿色、蓝色、青色、黄色、洋红、白色或黑色，如图 2-46 所示。

图 2-46 “实色混合”模式

（五）比较模式组

比较模式组主要包括“差值”“排除”“减去”和“划分”等模式。比较模式组是将上层和下层的图像进行对调，寻找二者中完全相同的区域。使相同的区域显示为黑色，而所有不同的区域则显示为灰度层次或彩色。

在最终结果中，越接近于黑色的不同区域，它就与下层的图像越相似。在这些模式中，上层的白色会使下层图像上显示的内容反相，而上层中的黑色则不会改变下层的图像。

1.“差值”模式

“差值”模式是指通过查看每个通道中的颜色信息，并从基色中减去混合色，或者从混合色中减去基色，具体则取决于哪一个颜色的亮度值更大；与白色混合将反转基色值，与黑色混合则不产生变化，如图 2-47 所示。

2. “排除”模式

“排除”模式主要用于创建一种与“差值”模式相似，但对比度更低的效果；与白色混合将反转基色值，与黑色混合则不发生变化。

“排除”模式通常使用频率不高，但通过该模式能够得到梦幻般的怀旧效果。“排除”模式能产生一种比“差值”模式更柔和、更明亮的效果，如图 2-48 所示。

图 2-47 “差值”模式

图 2-48 “排除”模式

3. “减去”模式

“减去”模式是指通过查看每个通道中的颜色信息，从基色中减去混合色，在 8 位和 16 位图像中，任何生成的负值都会剪切为 0，如图 2-49 所示。

4. “划分”模式

“划分”模式是指通过查看每个通道中的颜色信息，从基色中分割混合色，如图 2-50 所示。

图 2-49 “减去”模式

图 2-50 “划分”模式

（六）色彩模式组

色彩模式组主要包括“色相”“饱和度”“颜色”和“明度”等模式。这些模式在混合时，与色相、饱和度和亮度有密切关系。色彩模式组是将上面图层中的一种或两种特性应用到下面图层的图像中，产生最终效果。

1.“色相”模式

“色相”模式是指用基色的明亮度和饱和度以及混合色的色相创建结果色，如图 2-51 所示。

2.“饱和度”模式

“饱和度”模式是指用基色的明亮度和色相以及混合色的饱和度创建结果色。绘画在无饱和度（灰色）的区域上，使用此模式绘画不会发生任何变化。图像显示出多少色彩取决于饱和度。如果没有饱和度，就不会存在任何颜色，只会留下灰色。饱和度越高，区域内的颜色就越鲜艳。当所有对象都饱和时，最终得到的几乎就是荧光色了，如图 2-52 所示。

图 2-51 “色相”模式

图 2-52 “饱和度”模式

3. 颜色模式

“颜色”模式是指用基色的明亮度以及混合色的色相和饱和度创建结果色。这样可以保留图像中的灰阶，并且在给单色图像着色和给彩色图像着色方面都非常有用，如图 2-53 所示。

“颜色”模式能够使灰色图像的阴影或轮廓透过着色的颜色显示出来，产生某种色彩化的效果。使用“颜色”模式为单色图像着色，能够使其呈现怀旧感，如图 2-54 所示。

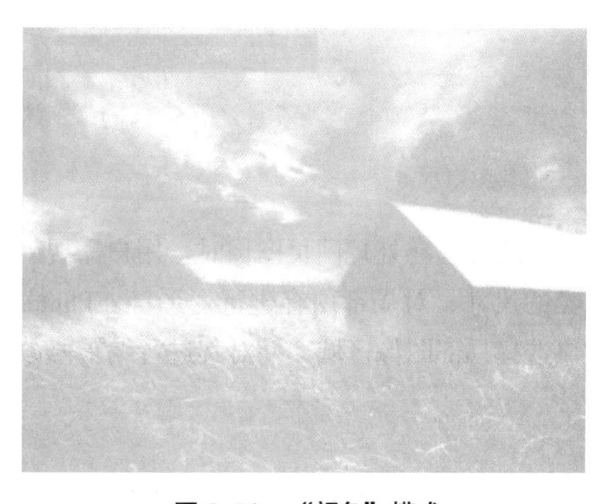

图 2-53 “颜色”模式

图 2–54 中分别应用了“单色”模式、“灰度”模式和“彩色”模式，以使图像呈现不同的效果。

图 2–54　颜色模式的三种效果

4.“明度”模式

“明度”模式是指用基色的色相和饱和度以及混合色的明亮度创建结果色。此模式创建与“颜色”模式相反的效果。这种模式可将图像的亮度信息应用到下面图层的图像中的颜色上。它既不能改变颜色，也不能改变颜色的饱和度，而只能改变下面图像的亮度，如图 2–55 所示。

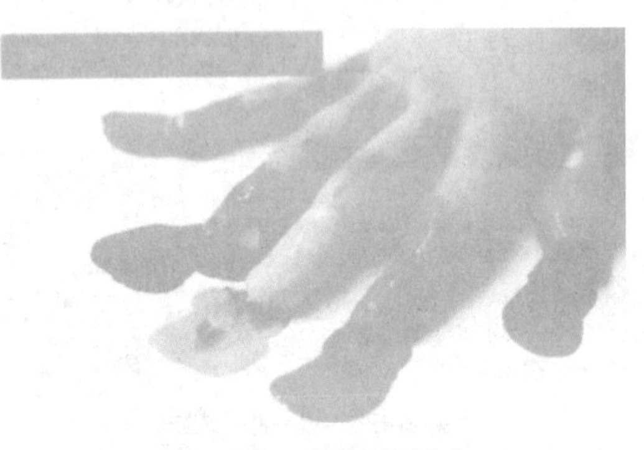

图 2–55　“明度”模式

第四节　选取图像内容

通常，在处理网页图像时，用户需要对图像的局部内容进行编辑操作，如调整局部内容的尺寸、对局部内容进行变形等。Photoshop 软件内置了强大的选区系列工具，允许用户选择局部图像区域，并对其进行编辑修改。

一、使用选框工具

Photoshop 提供了两种重要的选框工具，即“矩形选框工具”和“椭圆选框工具”，

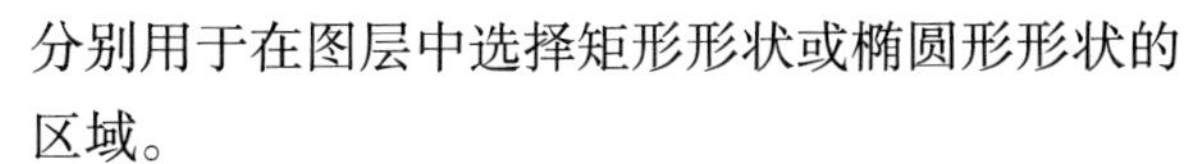

分别用于在图层中选择矩形形状或椭圆形形状的区域。

（一）矩形选框工具

“矩形选框工具” 可以选择各种长宽比的矩形、正方形和圆角矩形的区域，帮助用户对该类区域进行编辑操作。

在“工具箱”中选择“矩形选框工具” ，然后在画布上拖拽鼠标选择区域，如图 2–56 所示。

图 2–56 选择矩形区域

选择“矩形选框工具” 之后，用户可以在“工具选项栏”中设置“矩形选框工具” 的属性，实现复合框选，如图 2–57 所示。

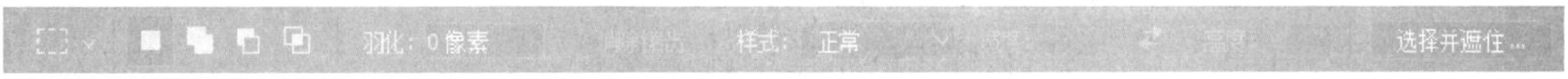

图 2–57 “矩形选框工具”的“工具选项栏”

“矩形选框工具” 的工具选项可分为三类，即框选方式、羽化半径和框选样式等。

1. 框选方式

框选方式决定了若干选框区域之间重叠的方式，包括四种具体的方式，见表 2–3。

表 2–3 矩形选框工具的框选方式

按钮	框选方式	作用
	新选区	直接绘制新的选区
	添加到选区	求两个选区的并集
	从选区减去	从已有选区中减去部分选区，获得新的局部选区
	与选区交叉	求两个选区的交集

如果用户仅仅需要绘制一个新的矩形选区，可以选择“新选区” 进行绘制；如果用户需要对已有的选区进行修改，则可选择其他三种框选方式。

2. 羽化半径

普通的“矩形选框工具” 仅仅能够绘制矩形或正方形，如果用户需要绘制圆角矩形，可以设置“矩形选框工具” 的“羽化”属性，定义矩形四个角的羽化半径长度值，绘制出指定羽化半径的圆角矩形。

3. 框选样式

Photoshop 提供了三种框选样式，允许用户绘制多种类型的选区，或者根据指定的值

来决定选区的尺寸。

（1）正常。

以用户鼠标拖拽的起点决定选区位置，以拖拽的斜线距离来决定选区的尺寸和形状。

（2）固定比例。

定义一个比值，以比值来决定选区的长宽比，然后以鼠标拖拽的起点决定选区位置，以斜线距离来决定选区的长度和宽度。

（3）固定大小。

定义两个具体的长度值和宽度值，以鼠标拖拽的起点决定选区位置，以长度值和宽度值来决定选区的长度和宽度。

（二）椭圆选框工具

"椭圆选框工具" 可以选择各种椭圆形或圆形的区域，帮助用户对该类区域进行操作。在"工具箱"中长按"矩形选框工具"，然后在弹出的菜单中选择"椭圆选框工具"，将"椭圆选框工具" 设置为默认的选框工具，并将其置于激活状态，绘制椭圆形选区，效果如图 2-58 所示。

在启用"椭圆选框工具" 之后，用户同样可以在"工具选项栏"中设置其工具选项，但需要注意的是，由于"椭圆选框工具" 本身绘制的就是圆形，因此其"羽化"工具选项是没有实际作用的。

图 2-58 绘制椭圆区域

二、使用魔棒工具和快速选择工具

选框类工具仅能选择指定的规则图形区域，如果用户需要选择一些指定颜色或颜色变化范围的区域以进行编辑操作，则需要使用"魔棒工具" 和"快速选择工具"。

（一）魔棒工具

"魔棒工具" 是根据指定的颜色范围来创建选区的工具。也就是说，如果某一颜色区域或颜色变化范围的区域是什么形状，"魔棒工具" 就会创建选择该区域的形状选区。在"工具箱"中选择"魔棒工具" 之后，用鼠标单击画布上指定颜色的区域，实现选取，如图 2-59 所示。

图 2-59 选取指定颜色区域

在启用"魔棒工具" 之后，"工具选项栏"

也会显示一些与“魔棒工具”相关的工具选项，如图 2–60 所示。

图 2–60　魔棒工具的工具选项

“魔棒工具”的工具选项主要分为四类，即框选方式、取样方式、容差设置以和取规则。

1. 框选模式

框选方式与“矩形选框工具”和“椭圆选框工具”的作用相同。

2. 取样方式

取样方式的工具选项主要用于设置可定义“魔棒工具”的“取样大小”,“魔棒工具”在选取图像色彩时的定位点，决定以哪些点中的色彩为取样基准；它可用于定义一个单独的像素点，也可用于定义边长为 3px、5px、11px、31px、51px、101px 的矩形区域，以该区域中的颜色作为取样基准。

3. 容差设置

容差设置主要用于定义颜色范围的误差值，取值范围为 0 ~ 255，默认的容差数值为 32。输入的数值越大，则选取的颜色范围越广，创建的选区就越大；反之，创建的选区范围越小。

4. 选取规则

“魔棒工具”支持三种选取规则，即平滑转换选取、连续选取和多图层选取，主要通过三个按钮来实现。

“魔棒工具”是 Photoshop 软件中非常重要的工具之一，在一些需要精确选取和复制指定图像区域的抠图操作中，都需要灵活地使用“魔棒工具”进行操作。

（二）快速选择工具

“快速选择工具”是“魔棒工具”的升级版，其作用是利用可调整的圆形画笔笔尖快速建立选区，并自动查找指定色域的边缘来对选区进行修正。

在“工具箱”中单击“魔棒工具”，在弹出的菜单中选择“快速选择工具”，启用该工具；然后在画布中使用该工具进行图像区域的选择，效果如图 2–61 所示。

“快速选择工具”的特性是先根据用户鼠标单击的位置形成一个选择区域，当用户多次单击画布中不同的区域时，“快速选择工具”就会根据

图 2–61　快速选择区域

图 2–62　多次快速选择形成的选区

这些区域之间的色差分隔线，形成一个选区。当单击的区域足够多时，这些选区就会根据色域合并为一个大的选区，如图 2–62 所示。

"快速选择工具"的"工具选项栏"中提供了一些配置选项，包括框选方式、画笔设置和选取规则三项。

1. 框选方式

"快速选择工具"的框选方式与"矩形选框工具"类似，仅图标的样式有所不同，见表 2–4。

表 2–4　"快速选择工具"的框选方式

按钮	名称	作用
	新选区	直接绘制新的选区
	添加到选区	求两个选区的并集
	从选区减去	从已有选区中减去部分区域，获得新的局部选区

2. 画笔设置

画笔设置的作用是定义"快速选择工具"的笔触以及笔触之间的关系。单击其显示图标，打开"画笔选取器"，如图 2–63 所示。

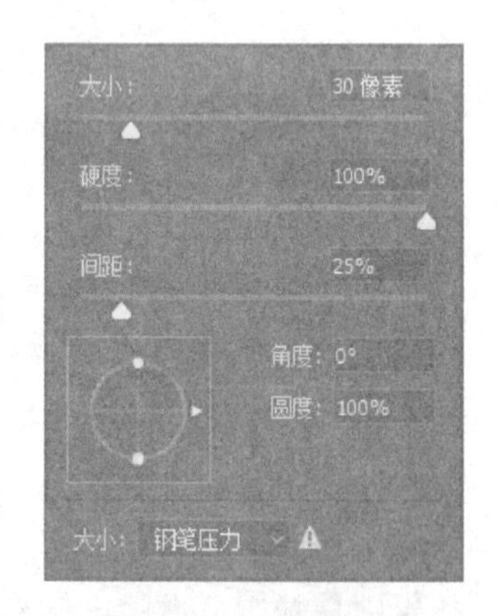

图 2–63　画笔选取器

在该选取器中，用户可以设置笔触的"大小""硬度""间距"，笔触拓展选区的"角度"，笔触的"圆度"，以及"笔触"的大小，等等，以提高"快速选择工具"的适应性。

3. 选取规则

"快速选择工具"的选取规则包括两项，即"从复合图像中进行颜色取样"和"自动增强选区边缘"。其中，"自动增强选区边缘"主要用于对选区的边缘进行更加精细的处理，使其更加平滑。

第五节　操作选区

除上述的"矩形选框工具"、"椭圆选框工具"、"魔棒工具"和"快速选择工具"等工具外，Photoshop 软件还提供了其他一些修改区域选择状态的方法，包括全选、反选、

取消选择、编辑选区等功能。

一、全选和反选

全选和反选是一种快速根据用户需求变更选区状态的方法。

（一）全选

全选是指将画布中所有的区域都置于选择状态。

在 Photoshop 中，用户可以执行“选择”｜“全部”命令或按 Ctrl+A 键，将画布中所有元素选中，如图 2-64 所示。

图 2-64　全选操作

（二）反选

反选是指将目前被选择的区域置于非选择状态，并将未被选择的区域置于选择状态。

在创建选区之后，用户可以执行“选择”｜“反选”命令或按 Ctrl+Shift+I 键进行反选操作，如图 2-65 所示。

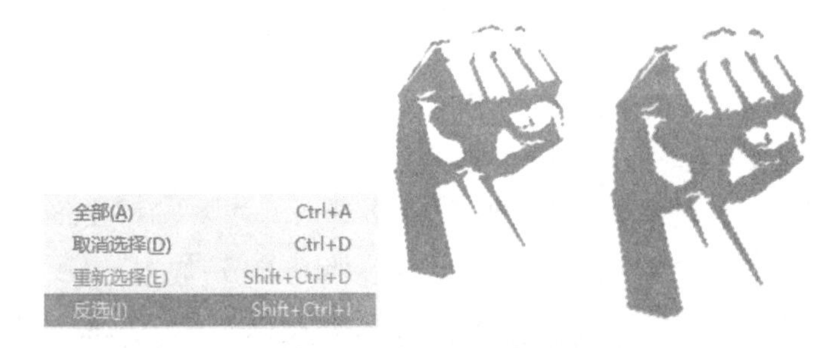

图 2-65　反选操作

二、取消选择

如果用户需要清除所有区域的选择状态，可以执行“选择”｜“取消选择”命令或按 Ctrl+D 键，直接删除选区。

在删除选区之后，如果还想恢复选区，可以执行“选择”｜“重新选择”命令或按 Ctrl+Shift+D 键，重新建立之前的选区。

三、编辑选区

图 2–66 变换选区

选区是一种复杂的 Photoshop 工具，在创建选区之后，用户可以通过多种方法来对选区进行编辑、修改等操作，包括基本的变换选区和复杂的修改选区。

（一）变换选区

变换选区功能可以用来改变选区的各种属性，使选区符合用户的实际需求。在 Photoshop 中执行“选择” | “变换选区”命令，或在选区内右击，执行“变换选区”命令，对选区进行变换操作，如图 2–66 所示。

在执行“变换选区”命令之后，选区将会出现出九个调节柄，用于直接对选区修改。这些调节柄大体可分为三类，即角调节柄、边调节柄和中心调节柄。

1. 角调节柄

角调节柄位于选区四个角方向的调节柄，用于在斜角方向调整选区尺寸或根据选区的中心点进行旋转。当用户将光标移动到该调节柄上时，如果光标呈现为“左上右下”或“右上左下”的状态，则表示可向对应方向调整选区尺寸，而向对应方向略微移动，呈现为“左上旋转”、“左下旋转”、“右下旋转”和“右上旋转”等状态时，则表示可以进行旋转选区操作。

2. 边调节柄

边调节柄位于选区四个边的中线位置，用于从水平方向或垂直方向调整选区尺寸。当用户将光标移动到该调节柄上时，如光标呈现为“水平调节”或“垂直调节”的状态，则表示可以进行对应方向的调节。

3. 中心调节柄

中心调节柄默认状态下位于选区的几何中心位置，用于更改选区旋转时的中心点。当用户将光标移至该调节柄上时，如光标呈现“中心调节”状态，则表示可以进行拖拽调节。

除了提供上述几个调节柄外，用户执行“变换选区”命令之后，Photoshop 还会在“工具选项栏”中对应显示一些变换选区的工具选项，如图 2–67 所示。

图 2–67 “变换选区”的“工具选项栏”

在实际操作中，“变换选区”功能可以快速地修改选区的尺寸和旋转角度，帮助用户更加灵活地操作选区。

（二）修改选区

Photoshop 为选区提供了一系列的修改功能，帮助用户更加便捷地操作选区，使选区符合实际内容绘制的需求。修改选区操作主要包括以下五种，即选区边界、平滑选区、扩

展选区、收缩选区和羽化选区。

1. 选区边界

选区边界功能的作用是指将当前选区更改为指定宽度的轮廓选区，并取消当前选区的选择状态。在 Photoshop 中执行“选择” | “修改” | “边界”命令，弹出“边界选区”对话框，允许用户输入这一轮廓选区的像素宽度，如图 2-68 所示。

图 2-68　创建轮廓选区

2. 平滑选区

使用“魔棒工具”根据图像的色域来创建选区时，通常会呈现较多锯齿，如果直接对选区进行操作，很可能绘制的图形或处理的结果不理想。Photoshop 中提供了平滑选区工具，可以帮助用户将选区边缘的锯齿处理为平滑的曲线，使选区边缘更加柔和。

在创建选区后，执行“选择” | “修改” | “平滑”命令，弹出“平滑选区”对话框，该对话框提供了“取样半径”的输入项，如图 2-69 所示。

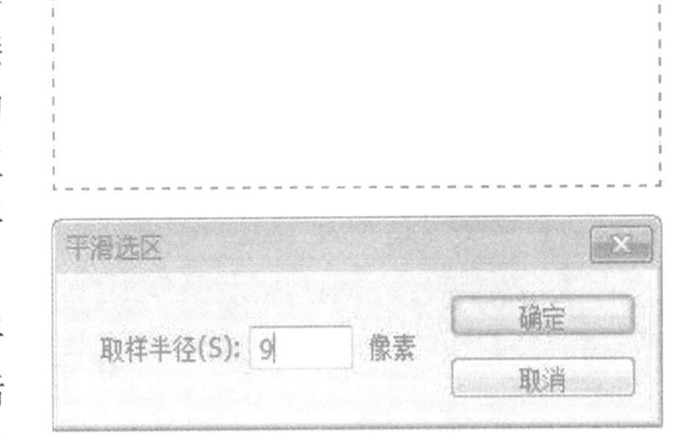

图 2-69　平滑选区的操作

在设置了“取样半径”之后，Photoshop 会根据这一平滑值对选区的边缘进行平滑处理，“取样半径”的值越大，则选区的边缘越平滑。

3. 扩展选区

扩展选区是指在现有选区的基础上将选区的边缘向外扩展到指定的距离，将选区的面积增大。在创建选区之后，执行“选择” | “修改” | “扩展”命令，弹出“扩展选区”对话框，在该对话框中输入“扩展量”的像素值，如图 2-70 所示。

图 2-70　扩展选区

4. 收缩选区

收缩选区与扩展选区的作用正好完全相反，是指将选区的边缘向选区内部收缩到指定的距离，减小选区的面积。收缩选区的方式与扩展选区类似，在创建选区之后执行“选择”|“修改”|“收缩”命令，弹出“收缩选区”对话框，在该对话框中输入“收缩量”的像素值，如图 2-71 所示。

图 2-71 收缩选区

5. 羽化选区

对于使用“矩形选框工具”绘制圆角矩形的方法来说，如果已经绘制了矩形或其他多边形，则可以通过羽化选区的方式，将这些选区的棱角转换为圆角。除了将棱角转换为圆角外，通过羽化功能用户还可以对选区的轮廓进行运算，以达到更加柔和的选区效果。

在创建选区后，执行“选择”|“修改”|“羽化”命令，即可对现有的选区进行羽化操作，如图 2-72 所示。

图 2-72 羽化选区

（三）应用选区

在 Photoshop 中，选区是网页界面设计非常用的工具之一。在绘制了选区之后，用户可以对选区内的图层内容进行移动、删除、变形、填充、描边等操作，快速更改图层内容。

1. 移动选区内容

移动选区内容可以将选区圈选的图层内容快速移动到其他位置，更改图层的内容。需要注意的是，移动选区内容这一操作对矢量图层和智能对象图层无效。在选择选区后，用户可以激活“移动工具” ✥，然后用鼠标对选区内容进行拖拽，如图 2–73 所示。

图 2–73　移动选区内容

2. 删除和剪切选区内容

作为一种标准的 Photoshop 对象，选区也支持一般的编辑操作，如删除、剪切等。通过这些操作可以快速改变选区选择的内容。同样，删除和剪切选区内容操作对矢量图层和智能对象均无效。用户可以在选择区域之后，按 Ctrl+X 键剪切选区内的内容，也可以按 Delete 键快速删除选区内的内容。

3. 填充选区

在选择了某个区域之后，用户可以为该区域填充指定的内容(如纯色、图案等)，将虚拟的选区对象转换为实际的图像内容。在创建选区之后，将光标置于选区上方，然后右击，执行“填充”命令，弹出“填充”对话框，如图 2–74 所示。

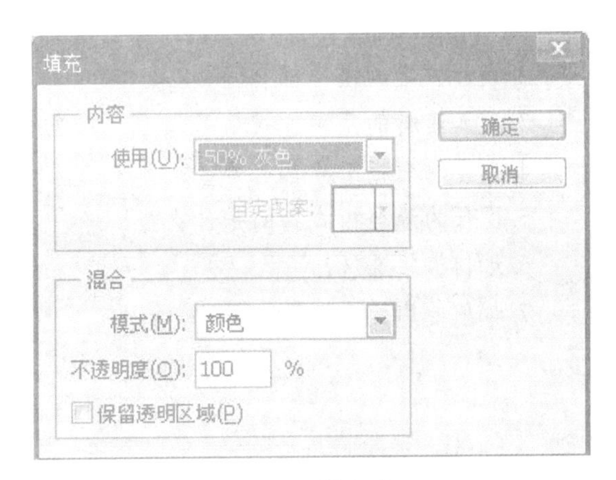

图 2–74　填充选区

在“填充”对话框中，用户可以设置“内容”和“混合”两大类选项，分别用于定义填充的内容类型和混合模式。

在“填充”对话框中设置各种填充选

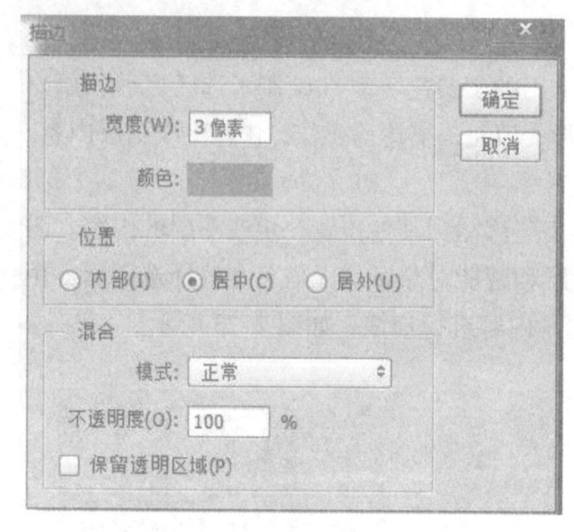

图 2–75 描边设置

项之后，单击“确定”按钮，将填充应用到选区上。在实际的网页界面设计中，填充选区功能可以方便地将选区转换为实际的图像内容，其多用于绘制网页界面的各种显示元素，如按钮、图层的显示区域等。

4. 描边选区

描边选区是指为选区边缘绘制一个基于像素的笔触，将选区括起来，并取消选区的选择状态。在创建选区之后，用户可以将鼠标光标置于选区上方，右击执行“描边”命令，弹出“描边”对话框，如图 2–75 所示。

在“描边”对话框中，用户同样可以设置三大类选项，包括“描边”“位置”以及“混合”等。

在“描边”对话框中设置各种描边选项之后，单击“确定”按钮，将描边应用到选区上。在实际的网页界面设计中，描边选区功能可以方便地为选区绘制像素轮廓，多用于绘制网页界面的组件、表格等。

本章主要介绍了 Photoshop CC 的基本界面内容，Photoshop CC 的操作方法，Photoshop 图层的使用、图像的选取、操作选区的方法。

课后练习

1.Photoshop 在网页界面设计中都具有哪些应用？
2. 设计方案的操作都有哪些？
3. 置入素材的两种方式都是什么？其作用有何区别？
4. 图层的面板工具都有哪些？
5. 图层的混合模式指的是什么？
6. 如何编辑选区？
7. 如何使用矩形框选工具？

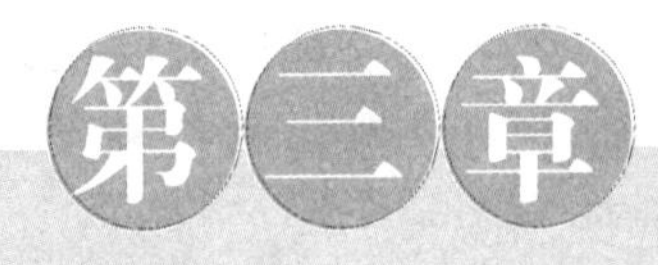

网页版式设计与网页版面布局

【知识目标】

1. 了解网页版式设计的概念及要素。
2. 了解网页版式设计的构图形式。
3. 了解网页版面布局的原则。
4. 了解网页版面布局的方法。
5. 了解网页版面布局的形式。

【技能目标】

1. 能够设计网页版式。
2. 能够按照网页版面布局的原则和方法进行网页设计。
3. 能够根据需要选择不同网站的布局形式。

【知识导图】

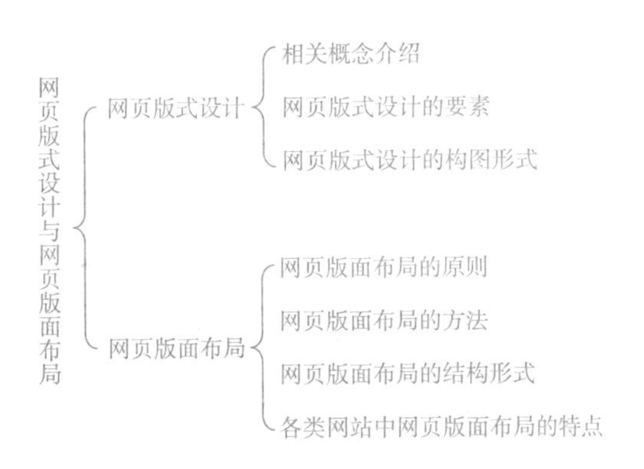

第一节　网页版式设计

一、相关概念介绍

（一）网页设计

网页设计又称 Web UI Design，是根据企业希望向浏览者传递的产品、服务、理念、文化等信息进行的设计。网页设计包括网站功能策划和页面设计美化工作。作为企业对外宣传的一种重要方式，精美的网页对于提升企业的互联网品牌形象至关重要。

网页设计是一种视觉体验设计，特别讲究编排布局和视觉交互。网页设计不等同于平面设计，它和平面设计有许多不同之处。网页设计是版式设计通过文字、图形的空间组合，表达出和谐与美。

网页设计要求把页面之间的有机联系反映出来，要求处理好页面之间和页面内、页面各区域的秩序与内容的关系。为了达到最佳的视觉表现效果，要反复优化整体布局的合理性，美化视觉的合理性，为浏览者提供流畅的视觉体验。

（二）网页版式设计概述

1. 网页版式设计的概念

网页版式设计是指在有限的屏幕空间内，按照设计师的想法和意图将网页的形态要素按照一定的艺术规律进行组织和布局，使其形成整体视觉印象，最终达到有效传达信息的视觉设计。

网页版式设计是设计师理性思维与感性表达的产物，它决定了网页的艺术风格和个性特征，并以视觉配置为手段影响着网页页面之间导航的方向性，以吸引浏览者的注意力，增强网页内容的表达效果。网页版式设计在整个网页的设计中占有很重要的作用。

2. 网页版式设计与网页尺寸的关系

我们认为视觉的吸引力是基于比例的。如果只是上下或者左右结构，便不能把上下或左右平分，而是采用黄金分割（指将整体一分为二，较大部分与整体部分的比值等于较小部分与较大部分的比值，其比值约为 0.618。这个比例被公认为最能引起美感的比例）来进行划分。同样上中下或者左中右结构也不能平分，要注意三者之间的关系。例如，上中下结构，中间的内容需要大一点的空间，一般中间占 60%，而上面的内容占 30%，下面的内容占 10%；左中右结构，左边的内容占 40%，中间和右边的内容各占 30%，或者左右两边的内容各占 30%，中间的内容占 40%。

（三）网页版式设计中的造型

造型就是创造出来的物体形象。网页版式设计中的造型是指页面的整体形象，这种形象应该是一个整体，图形与文本的结合应该是层叠有序的。虽然显示器和浏览器都是矩形，但对于页面的造型，可以充分地运用自然界中的其他形状以及它们的组合，如矩形、圆形、三角形和菱形等。

不同的形状所代表的意义是不同的。例如，矩形代表着正式、规则，很多 ICP（网络内容服务商）和政府网页都是以矩形为整体造型的；圆形代表着柔和、团结、温暖、安全等，许多时尚网站喜欢以圆形为页面整体造型；三角形代表着力量、权威、牢固、侵略等，许多大型的商业网站为显示它的权威性，常以三角形为页面整体造型；菱形代表着平衡、协调、公平，一些交友网站常运用菱形作为页面整体造型。虽然不同形状的造型代表着不同意义，但是目前的网页制作多数是结合多个图形加以设计，这其中某种图形的构图比例可能大一些。

（四）网页版式设计中的结构

结构是指组成整体的各部分的搭配和安排。网页布局中的结构是指图片和文字在页面中的排放位置。

二、网页版式设计的要素

（一）网页版式设计的基本要素

通常，网页版式设计是在规则与反规则、技术与反技术的矛盾中追求新意。网页的版式设计与印刷品设计的规则类似，存在于信息、装饰、思维等不同关系之中。网页的版式设计是将丰富的意义和多样化的形式组织在一个统一的结构中，所有基本要素和细节既各得其所又各有分工。这样设计出来的网页作品必将成为受众人欢迎的网页。

1. 网页的尺寸

网页的尺寸受限于两个因素：一是显示器屏幕，二是浏览器软件。受传统阅读习惯的影响，网页垂直方向是可以滚动的，页面高度一般不做限制，但是一般向下滚动不会超过3屏。

目前常见的显示器屏幕比例（长：宽）有以下四种：

5 ： 4=1.25；

4 ： 3=1.33；

16 ： 10=1.60；

16 ： 9=1.77。

显示器常见分辨率包括如下：

800px × 640px（宽高比 1.25），800px × 600px（宽高比 1.33）；

1024px × 768px（宽高比 1.33）；

1280px × 960px（宽高比 1.33），1280px × 1024px（宽高比 1.25），1280px × 800px（宽高比 1.60），1280px × 720px（宽高比 1.77）；

1400px × 1050px（宽高比 1.33），1440px × 900px（宽高比 1.60），1440px × 810px（宽高比 1.77）；

1600px × 1200px（宽高比 1.33）；

1680px × 1050px（宽高比 1.60），1680px × 945px（宽高比 1.77）；

1920px × 1200px（宽高比 1.60），1920px × 1080px（宽高比 1.77）；

2048px × 1536px（宽高比 1.33）。

为防止网页要素超出浏览器的可视范围，网页宽度要小于显示器横向像素值。为适应多种显示器的分辨率，网页设置一个安全宽度。一般我们都会设定得稍微小一点，如 800px × 600px，网页宽度保持在 778px 以内，就不会出现水平滚动条；页面高度则视版面和内容决定。在 1024px × 768px 下，网页宽度保持在 1002px 以内。

2. 整体造型

网页设计整体造型对表达网站的风格类别具有十分重要的作用，因此，可以从一些优秀的网页中了解网页整体造型设计的基本法则，这也有利于突破一般构成法则，追求网页设计的至高境界。

一般来说，网页设计的整体造型可分为开放式整体造型和包围式整体造型两类。

从实例图 3–1 中可以看出，开放式整体造型主要以图或文作为视觉中心，将各种网页要素和视觉要素向页面四周展开。所谓视觉中心，可以在页面的中心，也可以在页面的某一边角上，或放在页面的任意位置上，具体可根据网页设计风格和设计师的风格来灵活选择。

开放式整体造型的主要特点是布局自由活泼，形式灵活多变，界面简洁美观。

包围式整体造型又分为全包围和半包围两种。为了包含更多的内容，利用一定形式的色块、图片、线条等要素形成全封闭和半封闭的边栏或边框，以使网页的视觉效果更具有整体感（图 3–2）。包围式整体造型适用于栏目多、板块多、广告多和信息量大的网页。要使页面多而不杂乱，最好的选择就是信息分类、集成模块，或者用边框将信息内容包围起来。

图 3–1　开放式整体造型

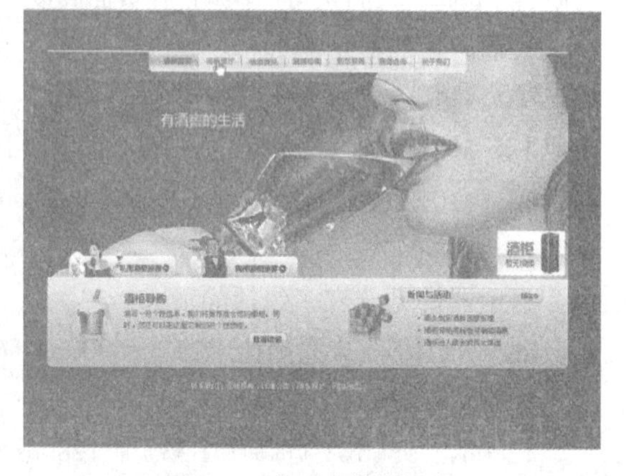

图 3–2　包围式整体造型

3. 页头

页头又称为页眉，页眉的作用是定义页面的主题。顾名思义，页头一般放置在网站的最上方，可以放置网站的名字、图片、公司标志等重要标志性内容，浏览者可以通过页头快速了解这个网站的相关内容，如图 3–3 所示。页头是整个页面设计的关键，它涉及网页其他位置的更多设计和整体页面的协调性。但并不是在所有的网页中都有页头，一些特殊的网页就没有明确划分出页头。

页头是一个简单网页中重要的设计要素，具有许多功能。首先，一个页头必须让人在匆匆一瞥之后就能知道网站的类型以及其要表达的态度是什么。其次，页头一般要有简洁明了的导航功能。所有这些可以轻松地用三个部分（网站名称、图片、导航条）来构建，并将它们通过不同的设计方式整合起来。最后，就是将这些要素放在一起构成一个整体。

图 3–3　页头

按照惯例，名称通常被放在左上角，这符合我们的阅读习惯，图片放在右边（现代网页设计有时候也会打破这样的习惯）。

相对来说名称的比例比较小，但并非绝对，取决于名称的长短，不能一概而论。但最好不要平分名称和图片的区域，因为这会使人的视觉没有落脚点，无法突出重点。用不对称的比例则是比较明智的做法。页头设计比例如图 3–4 所示。

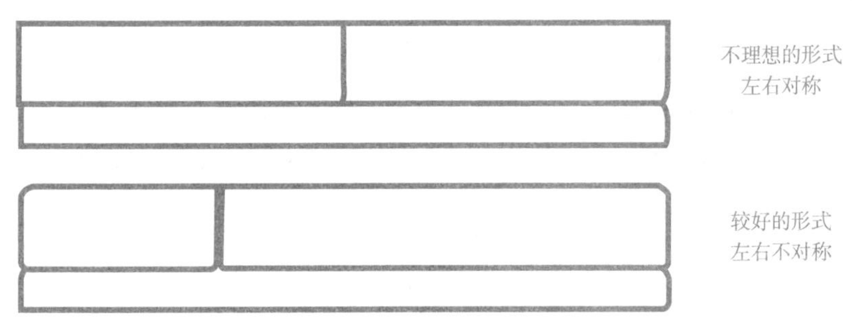

图 3–4　页头设计比例

4. 文本

文本是整个网站信息内容的重要组成部分，在页面中一般以行或者段落（模块）的形式出现。

通常，相对于导航栏区域，文本有自己的文字区域或位置，在整个页面上形成疏密反差的对比美感。

网站的核心是内容，浏览者访问网站最重要的目的是看网站的正文，网页的文本排版非常重要。网页的文本排版并不仅仅是在 CSS 里设置字体大小那么简单，想要有好的排版，对细节要下一番功夫才行。

（1）字体。

字体具有两个的作用：一是具有实现字意和语义的功能，二是具有美学效果。从加强平台无关性的角度来考虑，正文内容最好采用默认字体，因为浏览器是用本地机器上的字库显示页面内容的。网页设计者必须考虑到大多数浏览者的机器里面只装有三种字体类型以及一些相应的特定字体，而其他字体在浏览者的机器里面不一定能够找到，这给网页设计带来了很大的局限性。

如果有必要使用特殊字体，可以将文字制成图像，然后插入页面中，如图 3–5 所示。

桂林机场 全新启航

图 3-5 文字制成图像

不同的字体传达的含义也是不同的，细致的字体会显得十分优美、冷静而含蓄，倾向于女性风格的网站；反之，粗犷厚重的字体会显得富有力量、热情而明快，给人以精力充沛的感觉，更倾向于男性风格的网站。

然而，对于正文的文字来讲，一般情况下，尽量不要调整太大幅度的字体粗细，那样有可能会造成信息可读性的降低，建议是用标准的正文文字，如图 3-6 所示。

图片 专栏 热点

背着国徽去开庭

美加州大火500只羊啃防火带 烹饪国家队西安献艺
留学生感受中医药文化 滑坡地带开发成旅游景区
6旬保洁地铁里弹钢琴 日本首里城大火前后对比照
14亿豪华私人飞机体验 国内高颜值温泉民宿推荐

新闻 看河北 2019.11.1

中国共产党第十九届中央委员会第四次全体会议公报
一组数字看懂十九届四中全会公报 9个提法 理上网来
沪上·夜 进博会国家展 各国参展商热切期待 爱香港
习近平关心的百姓身边事：向着更幸福的生活继续前进
四中全会公报信息量丰富 77次提到这个词
国产航母即将入列?国防部：正按计划开展各项试验
印度直辖区划入部分中国领土 外交部：坚决反对
“双十一”前 一条中国卖军机的广告火了

图 3-6 标准正文文字

（2）文字大小与行距。

在早期的网页设计中，设计师为了追求中文字体的最佳视觉效果，经常使用 12px 的字号。其实现在看来，网站内容页面用这么小的文字是不可取的，小字体的可读性很差，没有多少人愿意非常费力地盯着屏幕去辨识那些小字。应该说，将字体大小设置成 14px 或者更大的 16px 会更加合理，浏览者阅读起来也更加轻松。当然，如果条件允许，可以在文章阅读页面增加选择字体大、中、小的链接。

文本之间的行距是非常重要的，挤在一起的文章会让读者看起来非常累，时不时地还会看错行。在面对密密麻麻挤在一起的长篇文字时，很少有人会有耐心看下去。一般情况下，文本的行距设置为 1.5 ~ 1.7cm 比较好，最好不要高于 2cm，否则过犹不及。

（3）段落间距。

段落之间保持足够的间距才能让浏览者更容易识别，页面也更显整洁，如图 3–7 所示。面对没有段落间距的页面，浏览者很可能会把几个连在一起的小段落看成一个大段落。如果每个段落内容太多，浏览者很少有耐心读完，因为互联网上绝大多数浏览者浏览网站的方法并不是精读，而是“扫描”。

片中展示了亚非拉国家军人驾驶着中国制造的军机翱翔天际，保境安民的震撼画面，配以“或许我们没有完美的起点，未来也可能藏于迷雾中，但当你踏足其中，与我们一起，就会云开雾散，飞行成就梦想，我们并肩启航”这样饱含深意的旁白，营造出一种“人类命运共同体”的气氛，整部广告宣传片十分富有感染力。

许多网友在看了这部广告宣传片后感到耳目一新，有网友表示这可能是迄今为止中国最洋气的军工广告片了，还有网友称，这部广告片制作水准绝对是航空工业宣传片的标杆，甚至有网友表示，看到这个广告瞬间就被种草了。

图 3–7　足够的段落间距

5. 页脚

页头和页脚能使整个页面更加完整。与页头相反，页脚放置在网页的最下方，副导航栏标题、公司信息、版权日期、制作者等信息一般会出现在页脚的位置，如图 3–8 所示。

隐私保护　新浪公司　版权所有　京ICP证000007

客户服务热线：4000520066　违法和不良信息举报电话：4000520066　举报邮箱：jubao@vip.sina.com

京网文【2017】10231-1151号　互联网新闻信息服务许可　北京新浪互联信息服务有限公司

国家药监局（京）-经营性-2014-0004　京教研[2002]7号　电信业务审批[2001]字第379号

增值电信业务经营许可证B2-20090108　电信与信息服务业务经营许可证000007号

广播电视节目制作经营许可证（京）字第828号　甲测资字1100078　京公网安备11000002000016号

图 3–8　页脚

6. 图片

图文并茂，相得益彰，文字和图片具有一种互补的视觉关系，最理想的效果是文字和图片的密切配合，互为映衬，既活跃页面，又丰富网页的内容。图片和文本是丰富网页的两大要素，图片的点缀，增加文本的可读性、趣味性，而文本阐述信息内容。

图片能使页面的意境发生变化，并直接影响浏览者的兴趣和情绪。一方面，图片本身是传达信息的重要手段之一，与文字相比，图片直观、生动，可以很容易地把那些文字无法表达的信息表达出来；另一方面，图片的应用使得网页更加美观、活泼，使得浏览者乐于接受和理解。

图片与网页的整体内容有着密切的联系。如图 3–9 所示，大图片容易形成视觉焦点，有感染力强的特点。

图 3–9　网页中的大图片

在利用图片设计网页要素的过程中，通常应注意以下几方面的内容，具体见表 3–1。

表 3–1　图片设计需要注意的问题

序号	项目	图片设计注意要点
1	图片的规格	图片在网页中占据的面积大小直接显示其重要程度。图片的外形、大小、数量以及其与背景的关系，都与网页的整体内容有着密切的联系。一般来说，大图片容易形成视觉焦点，感染力强；小图片用于点缀画面，呼应页面主体。在同一个网页中，大、小图片和文字相互对比和互补，构成最佳的页面视觉效果
2	图片的数量	图片的数量是根据网页内容而定的。有些内容必须使用图片，但是限于目前网络的传输速度，使用图片时一定要慎之又慎。相对来说，过多或者过大的图片仍会降低页面访问的速度
3	图片的延续	网页页面的整体感觉是建立在形象的承上启下关系上的，尽管页面有可能被分割成几屏来显示，但是图片或者文字的延续性应使浏览者得到完整、统一的视觉效果。设计者要做的就是整体考虑，处理好每一屏与整体页面的关系
4	图片的裁切	一个完整状态的形象往往容易被人们忽略。完整的形象一旦被打破，人们的注意力就会上升。如果将内涵与形式有机地结合起来，用创意的手段便会改变形象对视觉的心理冲击力，加强信息的有效传递力度，通过对新的形象赋予新的内涵和意义来达到设计者传播给浏览者信息的目的
5	图片的分片	很多图片编辑器可以将设计的网页图片迅速、有机地自动分割并生成网页代码，帮助非编码者快速完成站点的原型化实现
6	图片与背景	网页图片与背景呈对比和反衬的关系。也就是说，网页的背景应是简洁而单纯的，图片与背景的图案或者色彩有机地结合，并达到和谐统一，目的是突出主要信息的传递。设计时，网页设计者应避免使用多种色调和复杂对比度的图案作为网页的背景，而应使用淡雅的图案或者简单的颜色作为网页的背景

续表

序号	项目	图片设计注意要点
7	图片与链接	图片可以作为链接的资源，通过创建图片地图，让一个图片内的不同区域指向不同的链接网页，让浏览者在单击图片上不同区域时激活链接。图片地图中的链接可以指向其他可以链接的地方，如另一个网页、图片和电子邮件等
8	图片与速度	一般来说，图片尺寸越大，数量越多，传送该网页的时间就越长，如果载入时间过长，浏览者可能没有耐心等待，进而降低对该网页的访问兴趣

7. 多媒体

现在的网页设计都是综合了多种媒体的集合，并且加入了更多动画、视频和 Flash 等要素来丰富网页信息的表现形式，可更加方便地传递网页信息。

不过由于网络传输速度的限制，在使用多媒体表现形式的时候，要考虑到浏览者的网络带宽，将多媒体信息在尽可能不损失质量的前提下，快速而完整地显示在浏览者的眼前，以达到传递信息的目的。

（二）网页设计的其他视觉要素

1.LOGO

网站标志（LOGO）是一个网站的特色和内涵，其设计创意来自网站的内容和名称，表达网站的理念，便于人们记忆，同时也被广泛地用于网站的链接和宣传等，如企业的商标。

一般来说 LOGO 会出现在网站的每一个页面上，是网站要传递给浏览者的第一印象。LOGO 一般通过图案和文字的组合实现对网站整体风格和理念的一个展示，从而提升浏览者的浏览兴趣，增强网站标示和印象的目的。

LOGO 的表现形式是多种多样的，有简洁的文字符号，有繁复的图案、纹理，也有可爱的卡通动画或者人物等，如图 3–10 所示。

图 3–10　网站 LOGO

许多大型网站都设计了极具个性的 LOGO，与网站的风格相吻合。很多知名网站的 LOGO 在设计方面是非常简洁、方便记忆的。常见的做法是运用变形、放大、变色、图形化等处理方法，在企业名称的简写、英文域名上做文章。

2. 导航栏

导航栏是一组超链接，是指向网站首页和主要的栏目或内容，帮助浏览者快速地访问网站栏目和返回首页的工具。导航栏是网站访问的主线，对整个网站栏目起到了提纲挈领的作用，将网站的结构清晰地、方便地、易查找地展示给浏览者。

导航栏一般用按钮或者文本来组织超链接。导航栏的位置一般分为上方导航栏、左侧导航栏和右侧导航栏，也有一些特殊的网站将导航栏放置在中间或其他非常规的位置，给人以耳目一新的感觉。

用颜色、形状、位置和图片、图标修饰的导航栏，给人以千变万化的感觉，引导和吸引浏览者对该网站内容产生浓厚的兴趣。导航栏如图 3-11 所示。

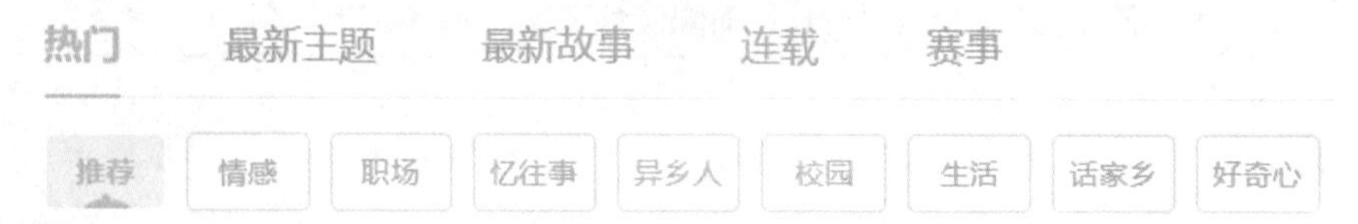

图 3-11　导航栏

3. 背景

（1）底纹颜色。

底纹颜色是指网页或者表格的背景纹路和颜色，通过不同的底纹效果来表现。

通过背景颜色的深浅或者颜色渐进的变化来衬托整个页面的气氛。通常来说，底色深，文字的颜色就要使用浅色，以深色的背景衬托浅色的文字或图片内容；底色浅，文字的颜色就要相应地使用深色，以浅色的背景衬托深色的文字或图片，以加强明度对比和变化。

通常低温暗色的色调比较柔和，主要起着衬托网页内容、设计的作用，使得浏览者第一眼就看到它却又不喧宾夺主，如图 3-12 所示。

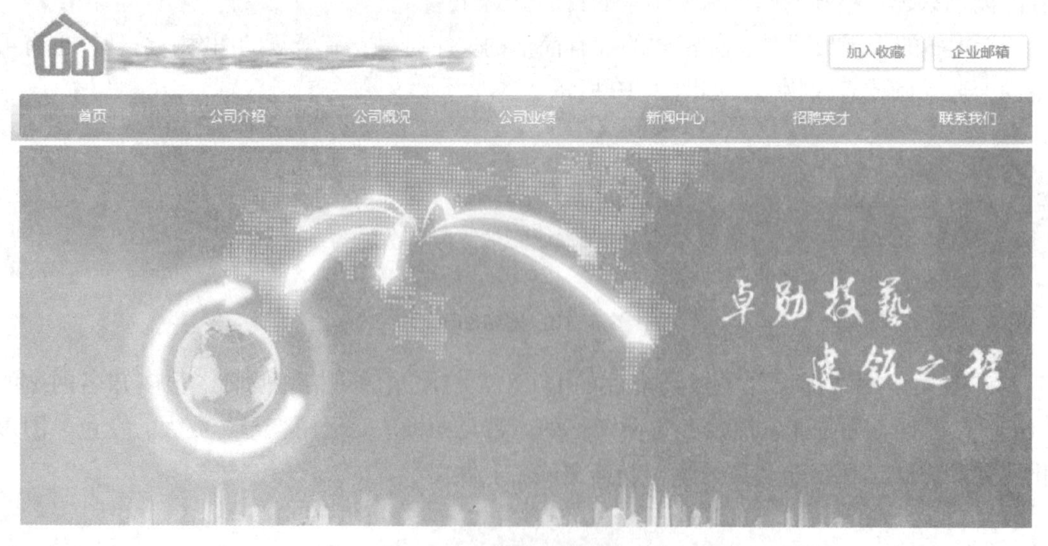

图 3-12　低温暗色的色调

（2）背景图片。

网页的背景设计也越来越重要，在企业和个人网站中，使用率也越来越高。加上背景图片的平铺，营造一个生动的场景，不仅创造出新颖、丰富的视觉效果，还渲染了整个网站的气氛。对于目前互联网的发展速度，使用100K大小的图片已经没有什么障碍。设计的初期要计划好背景图片与页面其他要素之间的对应关系，做到风格统一、首尾呼应、浑然一体。网页的背景图片如图3–13所示。

图3–13　背景图片

4. 广告

IAB（Internet Advertising Bureau，国际广告局）的标准和管理委员会与CASIEA（Coalition for dvertising Supported Information and Entertainment，广告支持信息和娱乐联合会）合作，提出了一系列标准尺寸的广告。这些标准作为建议，提供给广告生产商和消费者。现在的网站上几乎所有的广告都遵循了IAB/CASIE标准，见表3–2。

表3–2　IAB/CASIE标准

1997年第一次标准		2001年第二次标准	
尺寸/px	类型	尺寸/px	类型
468×60	全尺寸Banner	120×600	“摩天大楼”形
392×72	全尺寸带导航条Banner	160×600	宽“摩天大楼”形
234×60	半尺寸Banner	180×150	长方形

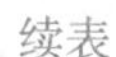
续表

1997 年第一次标准		2001 年第二次标准	
尺寸 /px	类型	尺寸 /px	类型
125 × 125	方形按钮	300 × 250	中级长方形
120 × 90	按钮 #1 或小图标	336 × 280	大长方形
120 × 60	按钮 #2 或小图标	240 × 400	竖长方形
88 × 31	小按钮或 Banner	250 × 250	“正方形弹出式”广告
120 × 240	垂直 Banner	—	—

随着 Web 的发展，以前的广告模式已不能适应用户的需求，标准中规定的广告尺寸，已经从传统的 Banner 逐步过渡到方形广告模式，媒体类型也从静态过渡到视频。

国际规定标准的广告尺寸有八种，并且每一种广告规格的使用都有一定的范围，具体见表 3–3。

表 3–3　国际规定标准广告尺寸

尺寸 /px	类型
120 × 120	这种广告规格适用于产品或新闻照片展示
120 × 60	这种广告规格主要用于做 LOGO
120 × 90	这种广告规格主要用于产品演示或大型 LOGO
125 × 125	这种广告规格适用于表现照片效果的图像广告
234 × 60	这种广告规格适用于框架或左右形式主页的广告链接
392 × 72	这种广告规格主要用于有较多图片展示的广告条，用于页眉或页脚
468 × 60	这种广告规格是应用最为广泛的广告条尺寸，用于页眉或页脚
88 × 31	这种广告规格主要用于网页链接，或网站小型 LOGO

由于网络本身的特点，Banner 的设计与创作有一些特别之处值得注意，一个经过精心设计的 Banner 和一个创意平淡的 Banner 在点击率上将会相差很多。

Banner 的文字不宜过太多，一般用一句话来表达，搭配的图形也无须太繁杂，文字尽量使用黑体等粗壮的字体，否则在视觉上很容易被网页其他内容淹没，也极容易在 72DPI（图像每英寸长度内的像素点数）的屏幕分辨率下产生“花字”。图形尽量选择颜色种类少、能够说明问题的事物。如果选择颜色很复杂的物体，要考虑一下在低颜色数的情况下，是否会有明显的色斑。尽量不要使用彩虹色、晕边等复杂的特技图形效果，这样做会大大增加图形所占据的颜色数，除非存储为 JPG 静态图形，否则颜色最好不要超过 32 色。

Banner 的外围边框最好是深色的，因为很多网站不为 Banner 对象加轮廓，这样，如果 Banner 内容都集中在中央，四周会过于空白而融于页面底色，降低了 Banner 突出宣传的效果。

目前，网页设计中出现了较多多彩的 Banner 效果，这些效果主要用 Flash 技术实现，突出宣传效果的同时大大节省了存储空间。

各类广告 Banner 和尺寸如图 3-14 所示。

（a）88px × 31px

（b）120px × 120px

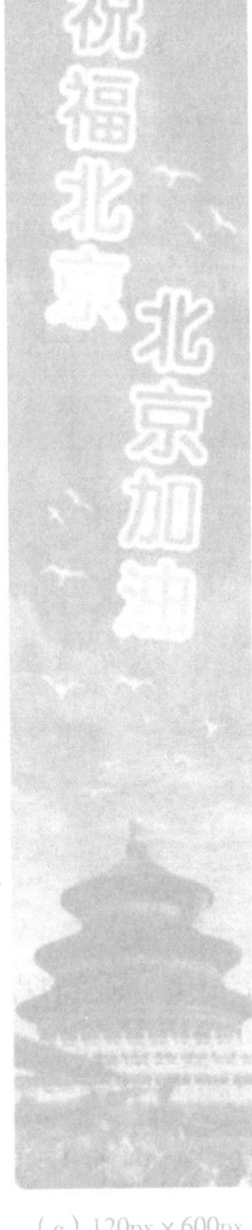

（c）120px × 600px

（d）240px × 400px

图 3-14 各类广告的 Banner 和尺寸

三、网页版式设计的构图形式

网页版式与其他设计一样要遵循一定的规律和秩序，设计师要对整个页面有整体的设计和把控，将各个构成要素以一定的规律和秩序加以系统的组合，协调好色彩、构图、风格创意之间的关系，使整个网页作品体现整体秩序的美感。网页的版式设计包括多个方面，这里主要介绍构图形式。网页的构图形式主要有几何分割、对称切割、组合分割、多重切割、平衡分割和节奏与韵律等。

（一）几何分割

对网页版式设计区域进行适当的分割能够有效地将文字、图形、图像配置在有限的空间中，突出要素的层级关系。设计时，要注意页面要素不要过于复杂和花哨，一般采用纯色大块搭配渐变，主要突出形状和区块。

简单的几何切割是指用一个形状或者素材切分整个页面，使得画面瞬间变得有趣生动起来，内容区域也能得到有效划分。这类构图形式对内容没有过多要求，可随意安排，具体版面可根据内容进行处理。几何分割是现在专题页面中用得最多、最普遍的一种构图形式，如图 3–15 所示。

图 3–15　简单的几何切割构图

（二）对称切割

采用对称切割构图形式的前提一般是把内容分为主要的两部分，并且这两部分内容呈对立关系，如对战、男女、冷热等。页面一分为二，内容划分明确，更具有视觉冲击力。

（三）组合切割

组合切割集中而有规律地排列，能从整体上抓住人们的视线。这种构图形式适合网页每个区块中的内容属于平级关系的专题，图 3–16 所示的几个功能点和分类都属于同一级

的内容，所占的比例也相同，用这种组合的排列能够保持各内容的关系，也能让布局更有创意。

图 3–16　组合切割构图

（四）多重切割

多重切割（图 3–17）是一种不规则的构图形式，避免了画面呆板，不易产生审美疲劳。不同的形状和排列，呈现的视觉效果也不一样。使用这种构图形式一般是为了体现时尚感、科技感的专题，如家电、服装及战斗类游戏的专题等。

图 3–17　多重切割构图

（五）平衡分割

平衡可分为对称平衡和均衡。对称平衡是以中心轴线做上下、左右、旋转等的同等或同量的对称。网页版面中的对称平衡构图，展现出严正、庄重、肃穆、沉静的特征，如图 3–18 所示。

图 3–18　网页版面的对称平衡构图

如果想让网页看上去美观和优雅，可以通过在类似对象上的中心轴线的任一侧来实现，也可以通过相同的尺寸，基于网格的文本段落或具有匹配文本相关的图像进行说明。图 3–19 为这一格式的网站设计实例。

图 3–19　利用中轴线的优雅构图

均衡也是一种平衡，如图 3–20 所示。它摆脱了对称式的中心线或中心点的控制，但是它始终存在重心。网页版面的均衡并不是实际重量的均衡，而是根据版面构成要素的形状、大小、轻重、色彩、位置等视觉判断产生的平衡。均衡感使设计版面更具和谐的生命力，同时它存在调和与力学的空间配置。

（六）节奏与韵律

节奏与韵律源自音乐概念。节奏是指按照一定的条理或秩序，重复连续地排列，形成一种律动的形式。节奏既有等距离的连续，也有渐变、大小、长短、明暗、形状、高低等的排列。在节奏中注入美的因素和情感使之富于个性，就产生了韵律。韵律就像是音乐中的旋律，既有节奏又有情调，它能增强版面的感染力，开阔艺术的表现力。图 3–21 所示为点状图形不规则的流动式排列形成一种律动的美感，给画面增添了动态效果。

图 3–20　网页版面的均衡构图

图 3–21　网页版面的节奏和韵律构图

第二节　网页版面布局

一、网页版面布局的原则

（一）重点突出

网页版面布局应考虑页面的视觉中心，即屏幕的中央或中间偏上的位置。通常一些重要的文章和图片可以安排在这个位置，稍微次要的内容可以安排在视觉中心以外的位置。

（二）平衡协调

网页版面布局应充分考虑受众视觉的接受度，和谐地运用页面色块、颜色、文字、图片等信息形式，力求达到一种突显稳定、诚实、值得信赖的页面效果。

（三）图文并茂

网页版面布局应注意文字与图片的和谐统一。文字与图片互为衬托，既能活跃页面，又能丰富页面内容。

（四）简洁清晰

网页版面布局应使网页内容的编排便于阅读，通过使用醒目的标题，限制所用的字体和颜色的数目来保持版面的简洁。

二、网页版面布局的方法

根据确定好的布局结构，开始进行页面的版式布局。网页版式布局的方法有两种：一种为手绘布局，另一种为软件绘图布局。

（一）手绘布局

网页设计和写文章一样，如果能够预先打好一个草稿，就能够设计出优秀、高质量的网页。在实际设计之前，网页设计师要在纸上绘制出页面版式草图，以供设计时参考。这个草稿虽然不会给客户看，但也要尽量绘制得简单、明了。

（二）软件绘图布局

手绘布局的方法同样也可以使用绘图软件来完成，可以使用 Fireworks 的图像编辑功能来设计网页版式布局，也可以使用 Word 作为设计版式布局的工具。

三、网页版面布局的结构形式

网页版面布局不是网页版式的简单编排，而是网页中各种可供使用的要素和技术的整体规划，通过网页版面布局，使网页本身具备了良好的视听效果、方便的操作、生动的互动效果。

网页版面布局的结构形式主要有以下几类。

（一）“T”形布局

传统的“T”形布局是大多数门户网站采用的版式结构。“T”形布局是将网站的主标识放在左上角，导航在上部中间占有大部分的位置，然后左边出现次级导航或者重要的提示信息，右边是页面主体，出现大量信息并通过合理的板块划分达到传达信息的目的，如图 3-22 所示。

“T”形布局符合传统阅读规则，按照自上而下、从左到右的顺序排列信息，浏览者无须花费更多的时间去适应。“T”形布局是网页设计的基本结构形式之一，之后衍变出来的所有布局设计形式也多是由它发展而来的。

（二）上下对照式布局

在“极简主义”设计思想的影响下，产生了更加直观的上下对照式布局。这种布局

形式在页面内容的组织上一般选取更加直接而极富视觉冲击力的图形和考究的文字排版，做到张弛有序。上下对照式布局的页面设计是考验网页设计师布局能力的重要道具，如图 3-23 所示。

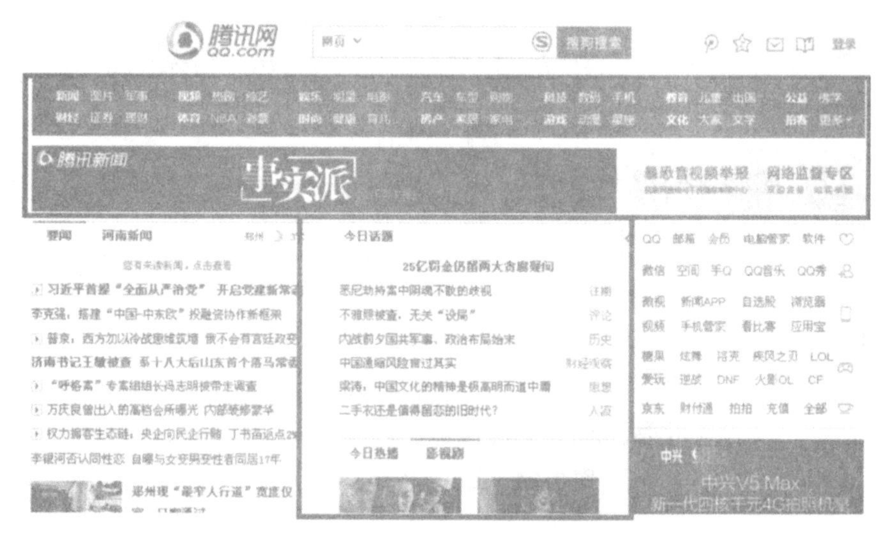

图 3-22　“T”形布局

图 3-23　上下对照式布局

（三）上中下“三”字形布局

上中下“三”字形布局的特点是更注重突出中间一栏的视觉焦点。上中下“三”字形布局适用于一些时尚类的网站，更能够体现现代感和简约感。如图 3-24 所示，页面由于上下部分采用了同一色调的背景，所以浏览者的注意力都放在了页面中间的部分。

图 3-24　上中下“三”字布局

（四）左右对称型布局

左右对称型布局是网页版面布局中最为简单的一种。左右对称是指在视觉上的相对对称，而非几何意义上的对称，这种布局形式将网页分割为左右两部分。一般使用这种布局形式的网站均把导航区设置在左半部分，而右半部分用作主体内容的展示区域。左右对称型布局便于浏览者直观地读取主体内容，但是却不利于发布大量的信息，所以这种布局形式不适合内容较多的大型网站。左右对称型布局的优点在于内容相对集中，并且把设计表现区域化，在以强烈的视觉符号让浏览者记忆深刻的同时，也保证了信息的完整和浏览顺序。同时，左右对称型布局也能带来对称的美感。如图 3-25 所示，页面的左右部分颜色反差强烈，给浏览者的视觉带来极大的刺激。

图 3-25　左右对称型布局

（五）“同”字形布局

“同”字形布局，名副其实，采用这种布局形式的网页设计往往将导航区置于页面顶

端，一些广告条、友情链接、搜索引擎、注册按钮、登录面板、栏目条等内容置于页面两侧，中间为主体内容，这种布局形式比左右对称型布局要复杂一点，不仅有条理，而且直观，有视觉上的平衡感，但是这种布局形式也比较僵化。在使用这种布局形式时，高超的用色技巧会规避“同”字形布局的缺陷，如图 3–26 所示。

图 3–26　“同”字形布局

（六）“回”字形布局

“回”字形布局实际上是对“同”字形布局的一种变形，即在“同”字形布局的下面增加了一个横向通栏，这种变形将“同”字形布局中不是很重视的页脚利用起来，增大了主体内容，合理地使用了页面有限的面积，但这样往往会使页面充斥着各种内容，显得拥挤不堪。

“回”字形布局的特点是将需要突出的内容放置在页面正中央。这种布局形式在传统的平面设计中十分常见，能够让浏览者很自然地把注意力放在页面的中央。在一些设计类的页面和个人主页中，经常能够见到这种布局形式的运用，如图 3–27 所示。

图 3–27　“回”字形布局

（七）“匡”字形布局

“匡”字形布局和“回”字形布局一样，都是“同”字形布局的一种变形，它是将“回”字形布局的右侧栏目条去掉而形成的新布局，这种布局是“同”字形布局和“回”字形布局的一种折中，这种布局形式承载的信息量与“同”字形布局相同，而且改善了“回”字形布局的封闭性，如图 3–28 所示。

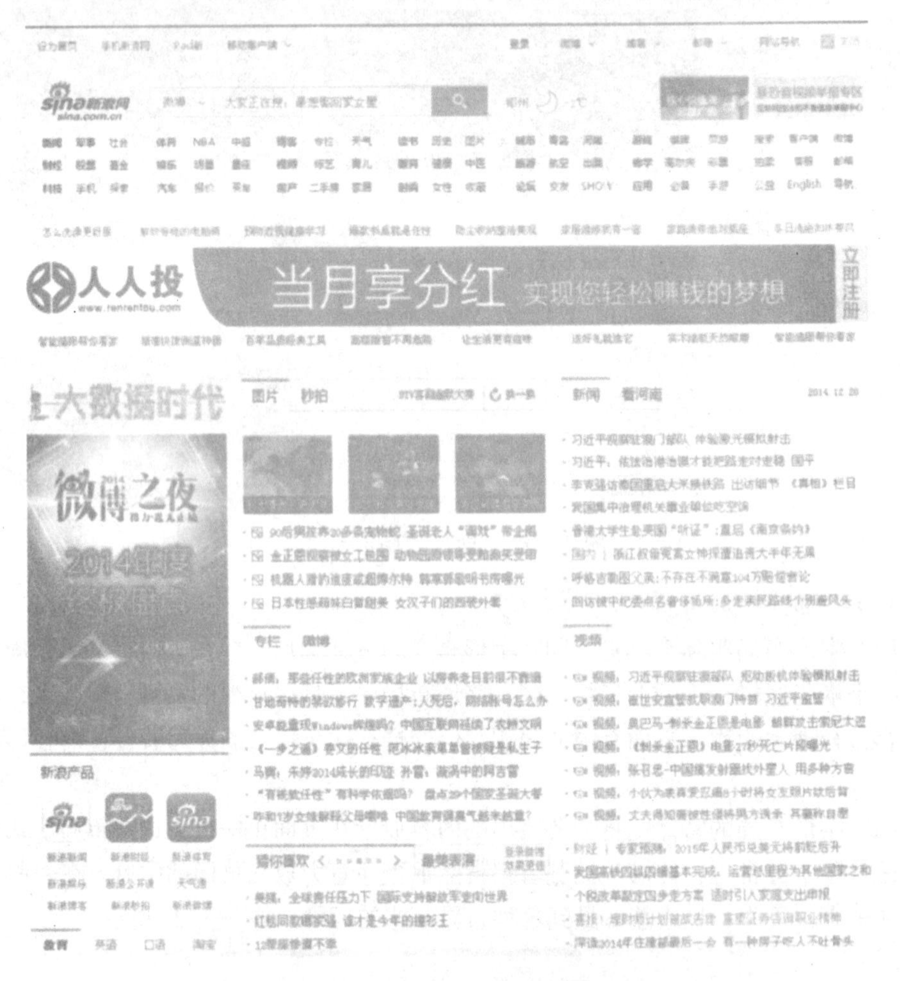

图 3–28　“匡”字形布局

（八）自由式布局

上述几种布局是传统意义上的布局，而自由式布局（图 3–29）相对来说随意性大，颠覆了传统的以图文为主的表现形式，将图像、Flash 动画或者视频作为主体内容，其他的文字说明及栏目条均被安排在不显眼的位置，起装饰作用。自由式布局在时尚类网站的网页设计中使用得非常多，尤其是在时装、化妆用品的网页中。这种布局形式富于美感，可以吸引大量的浏览者欣赏，但是却因为文字过少，而难以让浏览者长时间驻足，另外，自由式布局中起指引作用的导航条不明显，且不便于操作。

图 3-29　自由式布局

四、各类网站中网页版面布局的特点

（一）资讯类网站

资讯类网站网页版面布局的特点：以发布信息为主要目的；页面信息量大，页面高度较长，布局以 3 ～ 4 栏为主，页面高度接近 10 屏左右，重要信息放置顶部，导航栏排在页面上部，左右两列是功能区和附加信息区，中间位置为主要信息和重要信息显示区；页面内容以文字为主，图像较少，多以敏感的新闻图片吸引浏览者，如图 3-30 所示。

图 3-30　资讯类网站网页版面布局

（二）电子商务类网站

电子商务类网站网页版面布局的特点：以实现交易为目的，以订单为中心；这类网站必须实现商品展示、订单生成以及订单执行流程功能；页面包含产品分类搜索功能，其多采用 2 ～ 3 栏的布局，给人开放、大气的感觉；导航以搜索为主，横排在页面上部，左右两侧一般为内容区和产品分类区；产品展示多以图片和文字结合，体现产品的说服力，搜索、注册和登录等模块应放置于页面最醒目的位置，如图 3-31 所示。

图 3-31　电子商务类网站网页版面布局

（三）互动游戏类网站

互动游戏类网站网页版面布局的特点：互动游戏类网站一般分为游戏的官方网站和在线游戏网站，由于网站主要面对年轻浏览者，页面设计应以大量的图片、Flash 动画等视觉冲击力强的要素进行布局；主要是以图像或 Flash 为主的静态布局和静态分栏相结合的布局；静态布局页面信息与背景融为一体类似平面出版物创意设计，布局相对比较自由；静态、分栏结合布局在体现静态视觉效果之后又具有分栏布局信息清晰的特点，如图 3-32 所示。

图 3-32　互动游戏类网站网页版面布局

（四）教育类网站

教育类网站网页版面布局的特点：教育类网站与资讯类网站相似，但是以提供教育资讯为主，同时针对学校本身宣传或提供在线教学；对于教育机构网站多以静态分栏相结合

布局为主，对于提供在线教学功能网站多以分栏布局为主，如图 3–33 所示。

图 3–33　教育类网站网页版面布局

（五）功能性网站

功能性网站网页版面布局的特点：百度、Google、网址之家是功能性网站的主要代表，这类网站的功能是提供互联网网址导航；布局简单，搜索框和按钮占据页面绝对重要位置；页面设计尽量简洁，没有广告、图片；在视觉设计中，提高用户对网站的感情和黏合度的同时，要考虑页面文字、下载速度、功能实用、信息提示与布局清晰，如图 3–34 所示。

图 3–34　功能性网站网页版面布局

（六）综合性网站

综合性网站网页版面布局的特点：提供两种以上典型的服务布局，主要以分栏为主；栏目风格协调统一，导航清晰、合理，方便引导浏览者，如图 3–35 所示。

图 3–35　综合性网站网页版面布局

知识回顾

本章主要介绍了网页版式设计的一些相关概念，如网页设计、网页版式设计、网页版式设计中的造型、网页版式中的结构；网页设计的元素；网页版式的构成形式；网页版面布局的原则、方法和形式以及各类网站中网页版面布局的特点。

课后练习

1. 网页版式设计的造型都有哪些?
2. 网页设计中有哪些视觉要素?
3. 网页版面布局需要遵守哪些原则?
4. 网页版面布局的特点有哪些?
5. 网页版面布局有哪些形式?

第四章 网页设计的构图元素及风格类型

【知识目标】

1. 了解网页设计的构图元素。
2. 了解网页设计的风格类型。

【技能目标】

1. 掌握网页设计所需要的构图元素。
2. 能根据自身商品的属性选择合适的网页设计风格。

【知识导图】

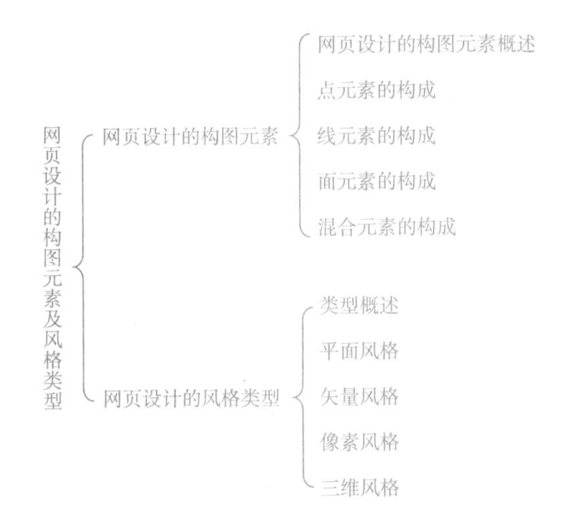

第一节 网页设计的构图元素

一、网页设计的构图元素概述

虽然设计的网页风格形式千变万化，但是构成图形图像的最基本的元素仍然是点、线、面及其组合。通过这些构图元素的变化所组成的网页才是别具一格的、多样化的。

点元素、线元素、面元素的元素概念是相对的，一个圆可以是一个点的放大，一排圆又构成了一条线，足够数量的圆又组成了一个面。

二、点元素的构成

在网页设计中，运用点的属性可以设计出千变万化的点的造型。点元素是造型的基本元素，也是最简洁的形态。点元素是网页设计构图元素中的最小单位，通过无数的点可以形成线元素和面元素。

（1）单个点的视觉表现如图 4–1 ~ 图 4–3 所示。

图 4–1　单个点的视觉表现（一）

图 4–2　单个点的视觉表现（二）

图 4–3　单个点的视觉表现（三）

视觉上的单个点，可以是圆形，也可以是方形或者其他无规则的图形。

（2）多个点的视觉表现如图 4–4、图 4–5 所示。

图 4–4　多个点的视觉表现（一）

图 4–5　多个点视觉表现（二）

圆点的大小和位置的不断变化产生一种空间感，粗边框的设计使得页面厚重而充实，通过大小变化及与方形之间的关系处理，页面的感觉和层次也变得更加丰富，如图 4–6 所示。

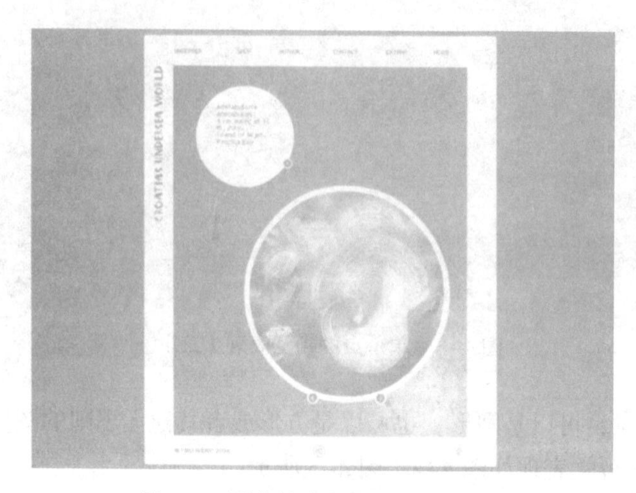

图 4-6 圆点的大小和位置不断变化

三、线元素的构成

线元素是由点元素的连续排列或移动而构成的，用线能表达网页设计的情感和抽象意义，页面的工整度、速度感也是通过线来体现的。线在空间中具有方向性和运动感。

总的来说，线可分为直线和曲线两种。直线可分为垂直线、斜线、水平线，具有速度、力量和坚硬的感觉；曲线可分为几何曲线、自由曲线等，常用于体现温和、柔软以及流畅的特征。

线元素是分割页面的主要元素之一，是决定网页风格的基本元素，线形不同，设计出的网页风格也不同。

（1）直线的视觉表现如图 4-7 ~ 图 4-9 所示。

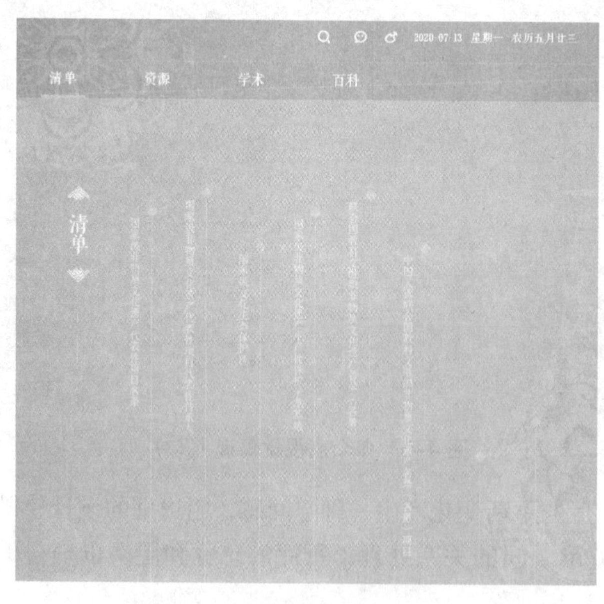

图 4-7 直线的视觉表现（一）

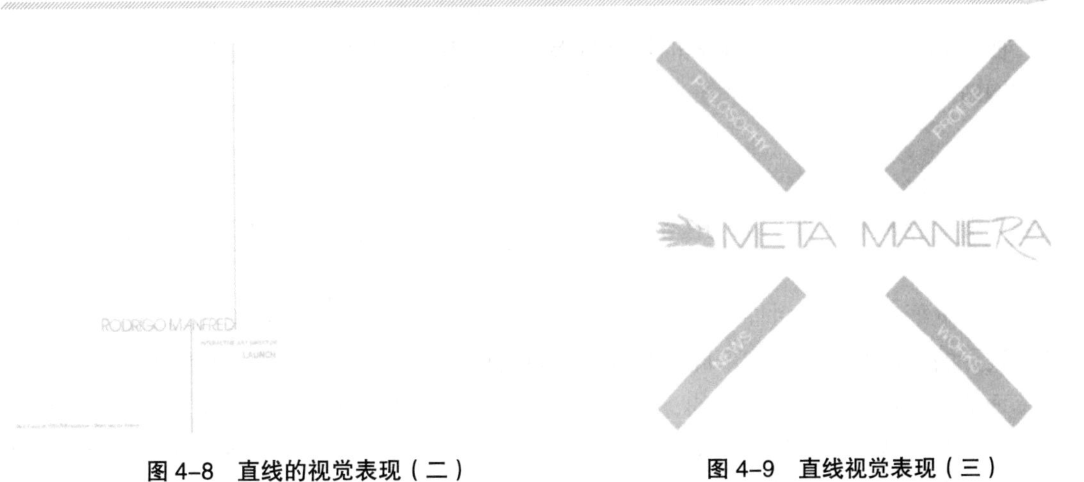

图 4–8　直线的视觉表现（二）　　　　图 4–9　直线视觉表现（三）

水平直线具有均衡、平静和安定的特征，重复排列，能够产生一种秩序的美感。

（2）斜线的视觉表现如图 4–10、图 4–11 所示。

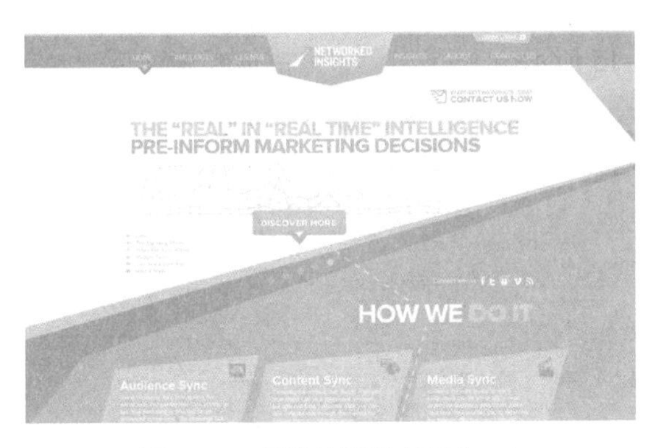

图 4–10　斜线的视觉表现（一）

图 4–11　斜线的视觉表现（二）

斜线具有运动、不安定、富于变化、活力的特征。

（3）曲线的视觉表现如图 4–12、图 4–13 所示。

图 4–12　曲线的视觉表现（一）

图 4–13　曲线的视觉表现（二）

曲线具有温和、流畅、柔软的视觉效果，适合表现女性特征，常常用于表现与女性有关的网站。

四、面元素的构成

点的横竖密集排列、线的平移运动形成了面。与点和线相比，面具有更强的视觉效果和表现力。

在视觉形态上，通过面的大小、位置、形状、角度的变化，形成鲜明的个性和情感特征。设计的时候要注意把握不同形状的面之间的相互依存关系和整体的和谐统一。

面的组合可以是多种多样的，例如，一个页面可以通过面的叠加、重合、穿插的设计来体现所要表达的视觉效果，也可以采用独立的面设计构图，还可以将各种类型的面结合起来构图，达到需要的设计效果。

面可分为几何图形和自由图形两种。其中，圆形、方形、三角形等都是几何图形。几何图形给人以简洁明快、有序的视觉效果。

（一）几何图形

（1）圆形面的视觉表现如图 4-14、图 4-15 所示。

图 4-14　圆形面的视觉表现（一）

图 4-15　圆形面的视觉表现（二）

当圆点放大到一定尺寸时，就变成了圆面，作为一个独立的视觉效果会更加鲜明而强烈。

（2）方形面的视觉表现如图 4-16 ~ 图 4-18 所示。

图 4-16　方形面的视觉表现（一）

图 4-17　方形面的视觉表现（二）

图 4-18　方形面的视觉表现（三）

方形面的效果在网页设计中是比较常见的，可以设计一个整体、一个空间、一个场景，或者将多个方形面组合在一起，视觉效果富于变化。

（3）三角形面的视觉表现如图 4–19 所示。

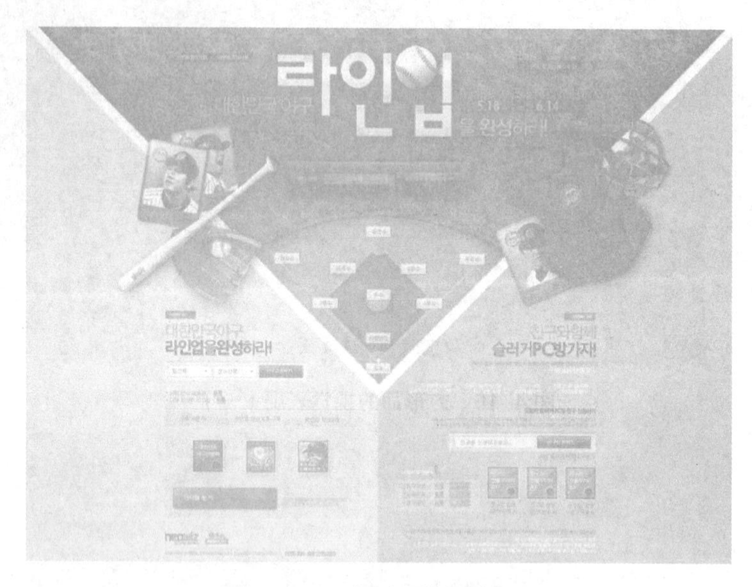

图 4–19　三角形面的视觉表现

三角形面在画面中所表达的主体放在三角形中或影像本身形成三角形的态势。该构图方式是视觉感应方式，有形态形成的三角形态，也有阴影形成的三角形态。三角形面产生稳定感，倒置则不稳定，突出紧张感，可用于不同景别，如近景人物、特写等摄影。

（二）自由图形

自由形面的视觉效果如图 4–20 所示。

图 4–20　自由形面的视觉表现

自由形面通过对图像要素的自由排列或者手绘方式，以不同的外观形成不同规则的面，给人以生动、灵活的感受。

五、混合元素的构成

单纯地运用点、线、面等元素进行网页设计，有可能会略显单调或者乏味。如果将它们共同运用在设计中，会使页面具有更强烈的表现力。

合理地运用点、线、面元素，安排好它们之间的相互关系，就能够设计出丰富、翔实、具有极佳视觉效果的网页页面。

（1）点、线元素结合的视觉表现如图 4–21、图 4–22 所示。

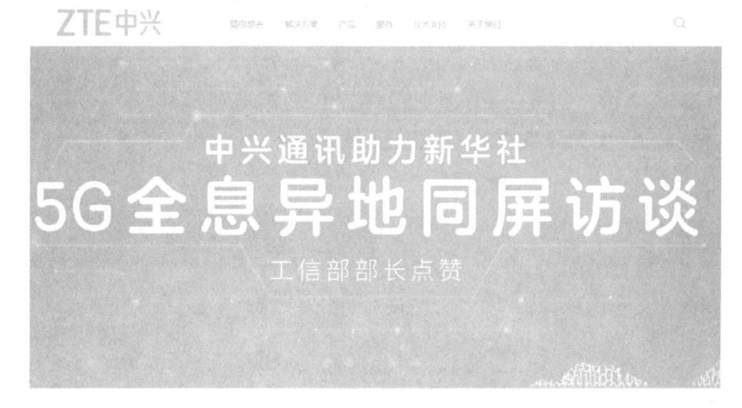

图 4–21　点、线元素结合的视觉表现（一）

图 4–22　点、线元素结合的视觉表现（二）

不同的点元素和线元素的结合，形成了简洁明快的视觉表现。曲线连接点的效果同样形成了视觉的美感。

（2）线、面元素结合的视觉表现如图 4–23 ~ 图 4–25 所示。

图 4–23　线、面元素结合的视觉表现（一）

图 4–24　线、面元素结合的视觉表现（二）

图 4–25　线、面元素结合的视觉表现（三）

线元素和面元素的交错搭配，产生一种规则的视觉效果，稳定而平静。曲线和不规则面的结合，打破了直线视觉效果，给人以明快活泼的视觉效果。

（3）点、线、面元素结合的视觉表现如图 4–26 ~ 图 4–28 所示。

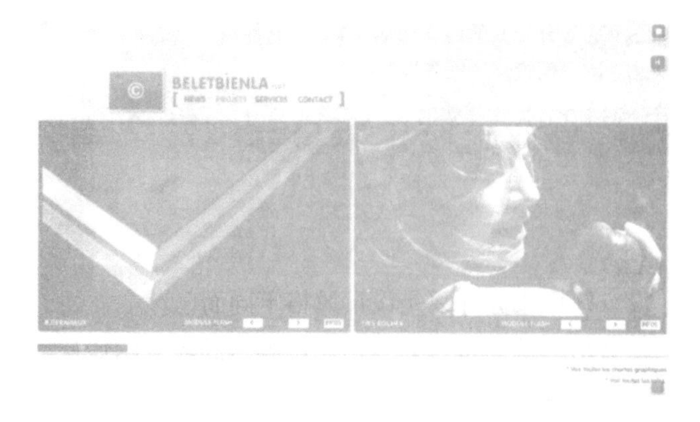

图 4–26　点、线、面元素结合的视觉表现（一）

图 4–27　点、线、面元素结合的视觉表现（二）

图 4–28　点、线、面元素结合的视觉表现（三）

由点、线、面元素结合设计出来的网页视觉效果丰富而翔实，给人以极佳的视觉表现力；相互之间的映衬突出了网页的设计风格和视觉主题。

第二节　网页设计的风格类型

一、类型概述

网页设计实际上没有好坏之分，只是设计风格不同而已。

网页设计的目的是突出网站的特点，以信息内容得到较好的传递为前提。根据网站的主题内容，网页设计首先要考虑的是风格的定位。

目前，网页的应用范围非常广泛，涵盖了几乎所有的行业。归纳起来大体有新闻传媒、政府机关、企业单位、科教文化、艺术娱乐、电子商务等。不同性质的行业，体现出的网站设计风格也不相同。

网页设计的整体风格主要通过图形图像、文字、色彩、版式和动画来体现。

不同领域中网页设计的角度以及方式各有区别。根据网页设计的特殊属性来分析网页风格，可分为平面风格、矢量风格、像素风格和三维风格。

在网页设计的基础上，网页设计者的风格是指运用自己的设计手段，包括自身的审美感受、设计软件的应用能力和对网站设计的敏锐洞察力，建设具有自己独特的设计风格和独特艺术表现力的网站。

二、平面风格

平面风格是二维的设计，其始终基于一个二维的视图来展开设计，侧重于构图、色彩及表达的思维主旨，它可以在有限的页面中表现出无限的空间感。

平面风格的设计在网页设计中是最常见的也是最实用的。例如，新闻门户类网站、商业企业类网站、娱乐休闲类网站、教育文化类网站都经常用平面风格来设计网站。

商业网站和企业网站常用的平面风格视觉效果如图 4–29、图 4–30 所示。

图 4–29　商业网站常用的平面效果

图 4-30　企业网站常用的平面效果

趋于艺术设计的平面视觉效果多用于有鲜明特色的艺术网站或娱乐网站，如图 4-31、图 4-32 所示。

图 4-31　艺术网站

图 4-32　娱乐网站

动漫网站和摄影图片网站的视觉效果也是平面设计常用的创作手段，如图 4–33 ~ 图 4–36 所示。

图 4–33　动漫网站（一）

图 4–34　动漫网站（二）

图 4–35　摄影图片网站（一）

图 4-36　摄影网片网站（二）

三、矢量风格

矢量图一般用直线和曲线来描述图形，这些图形的元素大多是一些点、线、面等基本元素，它们都是通过数学公式计算出来的，所以文件体积一般比较小。矢量图最大的优点是无论放大或者缩小都不会失真，最大的缺点是难以表现色彩层次丰富的、逼真的图像效果。

矢量图形插画运用图案来表现形象，本着审美与使用相统一的原则，尽量使用线条等元素来制作清晰明快、画面感强的风格的网站。其设计对象通常分为人物、动物、商品形象等。由于具有夸张诙谐、极具魅力的表现手法和视觉效果，现在越来越多地被大家所接受和认可。

矢量人物设计具有夸张诙谐，极具个性的视觉效果，如图 4-37、图 4-38 所示。

图 4-37　矢量图人物设计（一）

图 4-38　矢量图人物设计（二）

矢量图形同样可以用相对更加细致的细节设计来弥补普通图形的不足，丰富矢量设计风格网站的视觉效果，如图 4-39、图 4-40 所示。

图 4-39　矢量图细节设计（一）

图 4-40　矢量图细节设计（二）

四、像素风格

现在的手机画面、电脑软件图标等都是像素化的图形。像素化图形属于点阵式图形，它是一种设计风格的图形，更强调清晰的轮廓和明快的色彩。它由许多不同颜色的点巧妙地排列组合在一起，构成一幅完整的图像。这些点称为像素，图像称为图标或者像素画。

像素风格网站为现代互联网增添了独特而亮丽的一道风景线。

清新淡雅的像素画视觉设计如图 4-41 ~图 4-43 所示。

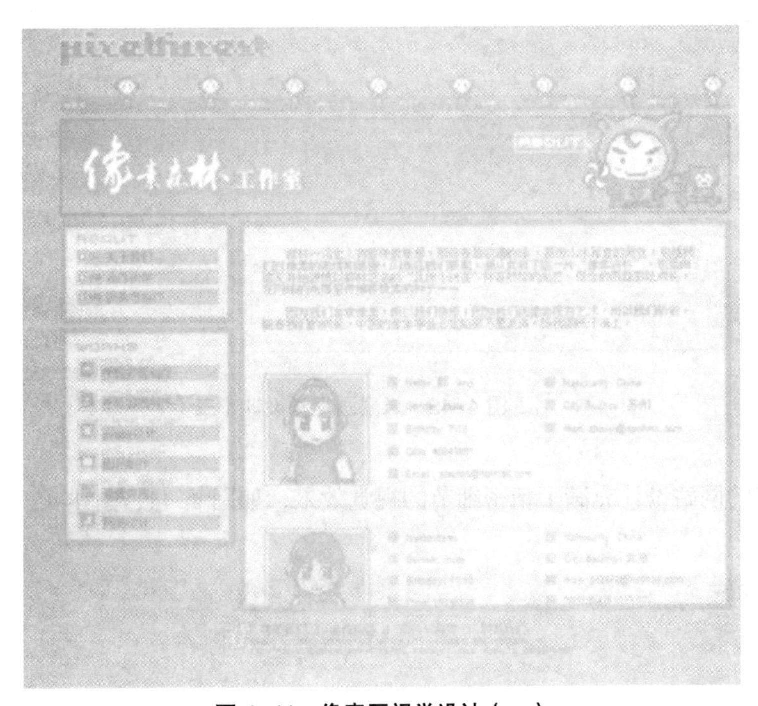

图 4-41　像素画视觉设计（一）

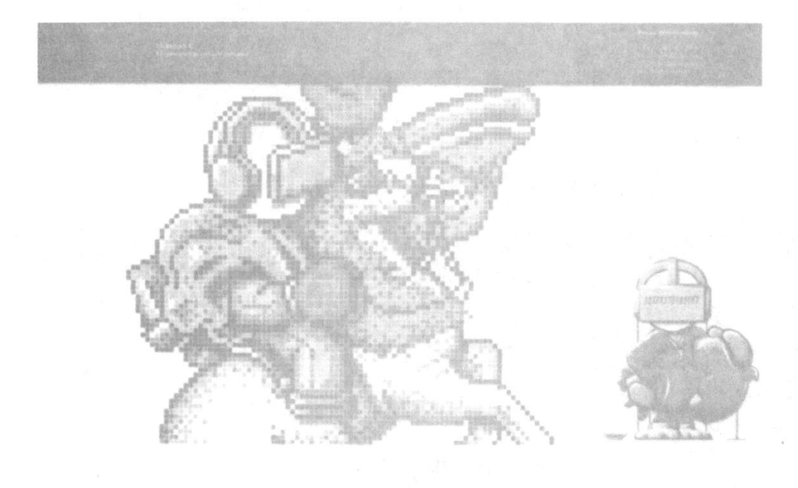

图 4-42　像素画视觉设计（二）

图 4-43　像素画视觉设计（三）

像素风格的网站设计充满了精密细节的视觉效果，如图 4-44、图 4-45 所示。

图 4-44　像素风格的网站（一）

图 4-45　像素风格的网站（二）

五、三维风格

三维风格是指在顶视图、正视图、左视图及透视图中创作和编辑物体，以一个具有长、宽、高三种度量的立体物质形态来体现，这种形态可以表现在物体的外形上，也可以表现在物体的容器或者其他地方。

在网页设计风格中，三维风格的视觉表现要简单得多。三维空间的设计可以借助三维的造型手法，通过折叠、凹凸的处理方式，使画面产生浮雕、立体等三维效果。三维风格以丰富厚重的表现、深度和多层次、全方位的构图，给人以厚重、强烈的视觉效果。

传统立体质感的三维风格如图 4-46 ~ 图 4-48 所示。

图 4-46　传统立体质感的三维风格（一）

图 4-47　传统立体质感的三维风格（二）

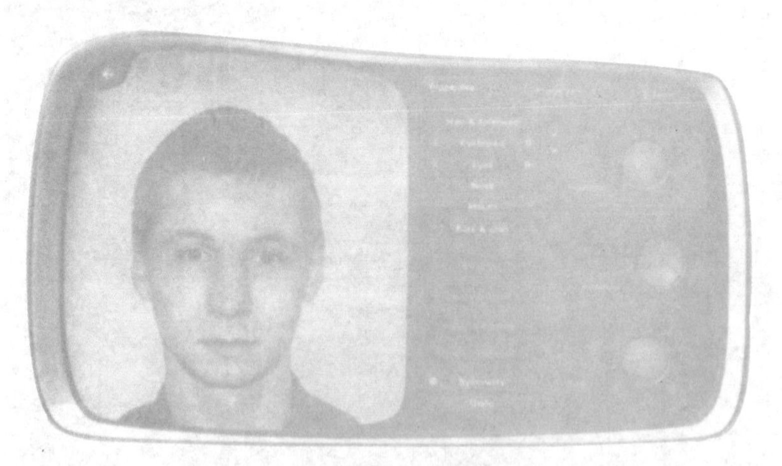

图 4-48　传统立体质感的三维风格（三）

现代流行的 3D 三维网站风格设计如图 4-49 ~ 图 4-51 所示。

图 4-49　现代流行的 3D 三维网站风格（一）

图 4-50　现代流行的 3D 三维网站风格（二）

图 4-51　现代流行的 3D 三维网站风格（三）

本章主要介绍了网页设计中的构图元素，包括点元素、线元素、面元素及混合元素，介绍了网页设计的风格类型，包括平面风格、矢量风格、像素风格及三维风格。

1. 网页设计的构图元素有哪些?
2. 网页设计都有哪些风格类型?
3. 列举网页设计构图元素的实例。
4. 你知道哪些三维风格的网页设计？请举例说明。

网页的色彩选择与搭配

【知识目标】

1. 了解网页色彩的对比。
2. 了解网页色彩的调和。
3. 了解常用的网页色彩模式。
4. 了解常见颜色的情感象征属性。

【技能目标】

1. 掌握网页色彩的调和方法。
2. 掌握网页色彩的设计原则。
3. 掌握常用的网页色彩模式。
4. 能够根据商品及消费者的特点选择恰当的情感象征属性色彩。

【知识导图】

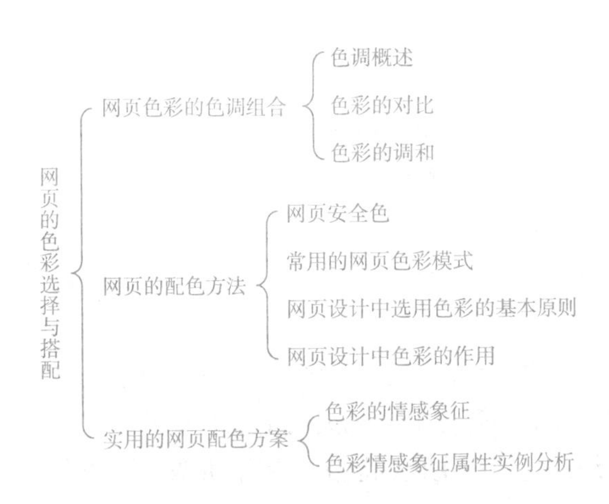

第一节　网页色彩的色调组合

一、色调概述

色调是指色彩外观的基本倾向或者总体趋向。色调指的不是色彩的性质，而是对网页设计中整体色彩的概括评价。在明度、纯度、色相这三个要素中，哪种因素起主导作用，就称为该种色调。通常可以从色相、明度、冷暖、纯度四个方面来定义网页设计中色彩的色调，见表 5–1。

表 5–1　网页设计中色彩的色调

色调的划分	色调的性质
按冷暖划分	暖色调与冷色调：红色、橙色、黄色称为暖色调，象征太阳、火焰；绿色、蓝色、黑色称为冷色调，象征森林、大海、蓝天；灰色、紫色、白色称为中间色调。冷色调的亮度越高，其整体感觉越暖；暖色调的亮度越高，其整体感觉越冷
按色相划分	红色调、蓝色调
按纯度划分	鲜色调、浊色调、清色调
按明度与纯度结合划分	淡色调、浅色调、中间色调、深色调、暗色调等

颜色最饱和，即纯度最高的色叫作纯色，属鲜亮色调。纯色中加入白色后，出现亮色调、浅色调和淡色调；纯色中加入黑色会出现深色调和黑暗色调。

在网页设计的整体色调中，根据视觉焦点的主次位置可分为以下几个概念：

（1）主色调：网页色彩的主要色调、总的趋势，其他配色不能超过主色调的视觉面积。

（2）辅色调：仅次于主色调的配色，是烘托主色调的副主色调。

（3）点睛色：用强烈而小范围的颜色突出主题的效果，使网页更加鲜亮动人。

（4）背景色：环绕或包围在主色调周围，用于协调、衬托主色调。

二、色彩的对比

对比意味着色彩的差别，差别越大，对比越强；反之，差别越小，对比越弱。在色彩关系上，有强对比与弱对比的区分，如红与绿、蓝与橙、黄与紫三组补色，就是最强的对比色。如果逐步加入等量的白色，就会在提高其明度的同时，减弱其纯度，成为带粉的红绿、黄紫、橙蓝，形成弱对比；如果逐步加入等量的黑色，就会减弱其明度和纯度，形成弱对比。在色彩的对比中，减弱一种颜色的纯度或明度，会使它失去原来色相的个性，两色对比程度会减弱，以致趋于调和状态。

色彩的对比主要包括色相对比、明度对比、纯度对比、冷暖对比和面积对比等。

（一）色相对比

色相对比是指色相之间的差异所形成的对比。在确定主色相后，需要考虑其他色彩与主色相的关系、表现的内容和效果等，才能确定和增强主色相的表现能力。

色相环中的各色之间可以有相邻色、类似色、中差色、对比色、互补色等多种对比关系。不同色相对比的效果不同，两种色相越接近，对比效果越不明显而显柔和；两种色相越接近补色，对比效果越明显而强烈。

图 5-1 使用了黄色、蓝色、蓝绿色等同类色做对比，相互协调，营造了一种和谐、愉悦的视觉效果。

图 5-1　色相对比

（二）明度对比

明度对比是指色彩之间因明暗程度的差别而形成的对比。明度对比可分为彩色差的明度对比及非彩色差的明度对比。明度对比常用在黑、白、灰的页面上，是非彩色差明度对比的主要手段。

明度对比在视觉上对色彩层次和空间关系影响较大，如柠檬黄的明度高，蓝紫色的明度低，橙色和绿色属中明度，红色与蓝色属中低明度。

根据色彩的明度变化，可以形成各种等级，大致可分成高明度色、中明度色和低明度色三类。

明度对比与情感表达也有直接的关系。例如，高明度色与低明度色形成的强对比具有振奋感，富有生气；明度对比相对较弱，没有强烈反差，色调之间有融合感，可反映安定、平静、优雅的情调；色调对比模糊不清、朦胧含蓄，会产生玄妙感和神秘感，如图 5-2 所示。

图 5-2　色调对比模糊

非色彩差的黑、白、灰明度对比使页面显得单纯而统一，如图 5-3 所示。

图 5-3　非色彩差的黑、白、灰明度对比

彩色的明度对比柔和而协调，让人心情舒畅。但需要注意的是，由于用到同一色调的不同明度，此时需要突显点睛色，否则整个网页的可读性就会大大降低。

（三）纯度对比

纯度对比是指色彩的鲜明与混浊的对比。运用不鲜明的低纯度色彩作为衬托色，鲜明色就会显得更加强烈夺目。如果将纯度相同、色面积也差不多的红绿两种对比色并列在一起，不但不能加强其色彩效果，反而会互相减弱。高纯度的色彩有向前突出的视觉特性，低纯度的色彩则相反。相同的颜色在不同的空间距离中可以产生纯度的差异与对比。在同一个页面中，以纯度的弱对比为主的色调是优雅的，所表达的感情基本上是宁静的；相反，纯度的强对比，则具有振奋、活跃的感情色彩。

图 5-4 所示为迪奥中国官方网站的实例，其中以低纯度的黑色衬托高纯度的黄橙色，使得整个页面看起来异常显眼，却又不失协调，体现了整个网站页面上产品的十足个性。

图 5-4　迪奥中国官方网站实例

（四）冷暖对比

色彩的冷暖感来自人的生理和心理感受的生活经历。因此，色彩要素中的冷暖对比特别能发挥色彩的感染力。色彩的冷暖倾向是相对的，要在两个色彩相对比的情况下显示出来。另外，色彩的冷暖对比还受明度与纯度的影响，白光反射高而感觉冷，黑色吸收率高而感觉暖。

冷暖对比有各种形式，如用暖色调的背景环境衬托冷色调的主体物；或者以冷色调的背景环境衬托暖色调的主体物；或者以冷暖色调的交替，使画面色彩起伏，具有节奏感。

图 5-5 使用了较为冷色的绿色调和红色调，这两个色系的色彩安排在同一画面中，其对比效果极为强烈。初学者通常较容易使两色相互排斥，导致画面色调不谐调。

一般采用以下两种方法进行色彩的冷暖调和。

1. 面积调整

将冷暖对比的主次色彩进行面积区分，根据设计主题的需要，在画面上以其中一方为主色，控制画面基调，其他颜色缩小使用面积，使主次关系突出，统一而富有变化，如图 5-6 所示。

图 5-5　绿色调和红色调的冷暖对比

图 5-6　面积调整

2. 纯度调整

降低冷暖色调的纯度，用明度的变化来调整画面的层次，或者加入补色，能起到很好的协调效果。图 5-7 中适当地将色彩（如蓝色）的纯度降低，并加入纯度较低的绿色，将对比的差异性降低，以达到协调色彩的目的。

图 5–7　纯度调整

（五）面积对比

色彩的面积大多采用色相单纯的平面色块表现，结合色块的形状，通过适当地穿插，形成强弱、起伏的节奏效果。同一种色彩，面积越大，其明度和纯度也就越高，反之其明度和纯度越低。当色彩的面积较大时，亮的色彩显得更轻，暗的色彩显得更重。

面积对比是指页面中色彩在面积上的多少、大小的差别，这种差别直接影响页面色彩的主次关系和主色调。

面积对比既可以是高、中、低明度差的面积变化，也可以是高、中、低纯度差的面积变化。

如图 5–8 所示，明度较高的蓝色面积较小，明度较低的蓝色面积较大并作为背景，对比的效果使得明度高的显得更亮，明度低的显得更暗，突出了高明度的面积。

图 5–8　面积对比

图 5-9 通过不同纯度色彩在面积上的差别来区别主色调，给人凸显主题的感觉。

图 5-9　不同纯度色彩的面积对比

三、色彩的调和

色彩的调和，就是色彩性质的近似，是指有差别的、对比的以致不协调的色彩关系，经过调配、整理、组合、安排，使画面整体呈现和谐、稳定和统一的视觉效果。获得调和的基本方法主要是减弱色彩诸要素的对比强度，使色彩关系趋于近似，而产生调和效果。色彩的调和是人们追求视觉上的统一，并达到心理上的平衡的重要设计手段。

色彩的对比与调和是互为依存的、矛盾统一的两个方面，是获得色彩美感和表达主题思想与感情的重要手段。在一个画面中，根据表现主题的不同要求，色调可以以对比因素为主，也可以以调和因素为主。在感情的反映上，一般积极、愉快、刺激、振奋、活泼、辉煌、丰富等情调是以对比为主的色调来表现的；舒畅、静寂、含蓄、柔美、朴素、软弱、优雅、沉默等情调，宜用调和为主的色调来表现。

色彩调和主要通过以下几种方式来实现。

（一）同种色调和

同种色调和是指任何一种基本色逐渐调入白色或黑色，可以产生单纯的明度变化的系列色相。这种趋向明亮或深暗的不同层次的颜色称为同种色，有极度调和的性质。如果一组对比色，双方同时混入白色或黑色，纯度都会降低，色相个性会削弱，加强了调和感。

将色相相同而明度和纯度不同的色彩进行调和，可以消除色彩的单一效果，会产生有节奏的韵律感和秩序感。如图 5-10 所示，橙色作为主色调，通过明度的变化和纯度的不同，产生了具有良好韵律感而主体又突出的效果。

图 5-10　明度和纯度不同的色彩调和

（二）类似色调和

在色相环中，色相越靠近，其色彩就越调和，这是类似色之间通过共同的色彩调和产生的效果。

如图 5-11 所示，天空的蓝色与植物的绿色纯度相近，色调上类似，加上白色的衬托，页面感觉清爽宜人。

图 5-11　类似色调和

（三）对比色调和

对比色的两色如混入同一复色，即含灰的色彩，那么对比各色就会向混入的复色靠拢，色相、明度、纯度、冷暖都趋于接近，对比的刺激因素因而减弱或消失。调和效果的加强与混入的色量成正比。

对比色的两色如一色混入另一色的色彩，或两色互相混入对方的色彩，可缩小差别，减弱对比，趋向调和。

两个不调和的对比色之间加入一个与两个对比色都能协调的色彩，就可以使不协调的两个对比色协调起来。例如，在红绿对比色中，加入与红绿都能调和的黄色，红绿的对比强度就会减弱，而趋向调和。

如图 5–12 所示，粉色、蓝色相互为对比色，提高蓝色的明度，并在两种色调间加入与之都调和的白色，使得两色得以调和，去掉了对比色之间的不协调。

图 5–12　对比色调和

（四）渐变色调和

渐变色调和是指按照色彩的层次逐渐变化的过程，类似两种色彩之间的混色。亮色和暗色之间的渐变效果会产生空间上的距离感和三维的视觉效果，如图 5–13、图 5–14 所示。

图 5–13　渐变色调和（一）

色调明度的渐变增强了三维空间感，产生了柔和协调、统一的整体视觉效果。

图 5-14　渐变色调和（二）

第二节　网页的配色方法

一、网页安全色

网页安全色是各种浏览器、各种机器都可以无损失、无偏差输出的色彩集合，即使用安全色可以解决不同浏览器之间的色差问题。使用网页安全色进行网页配色，可以避免原有的颜色失真，否则在浏览器内置的调色板中没有该种颜色的时候，就会利用与目标最相近的颜色进行替换。目前能解决这个问题的是 216 种网页安全色。所以常说的网页安全色就是这 216 种网页安全色。

通过图 5-15 和图 5-16 可以非常直观地了解，当浏览器没有该种颜色的时候将会发生的颜色替换，造成的后果就是网页浏览者看到的网页原貌已经面目全非，无法体现网页设计师的设计初衷。

那么，216 种网页安全色之外的颜色为什么不安全呢？在 256 色的显示系统中，计算机会用这 216 种网页安全色和 40 种系统定义的颜色组成一个 256 色的调色板，其他的颜色都利用调色板中的颜色配合抖动技术来模拟，因此只有调色板中的颜色会被真正地显示出来。因为在不同的显示系统中，40 种系统定义的颜色不同，所以只有这 216 种网页安全色在任何终端浏览用户显示设备上的显示效果是相同的。

既然现在几乎所有能上网的电脑都支持真彩色了，那么网页安全色是否可以遗弃了呢？一方面，网页安全色等于把真彩色做了极其精练的概括，为网页配色提供了方便，很多网页配色方案都是在此基础上确立起来的；另一方面，由于网页安全色在互联网的发展过程中扮演了重要的角色，已经形成了一种特有的风格和习惯，不可能被轻易遗弃。所以，透彻地了解网页安全色这一概念，有助于网页设计师更好地操控颜色，以传达网站想展示的主题。

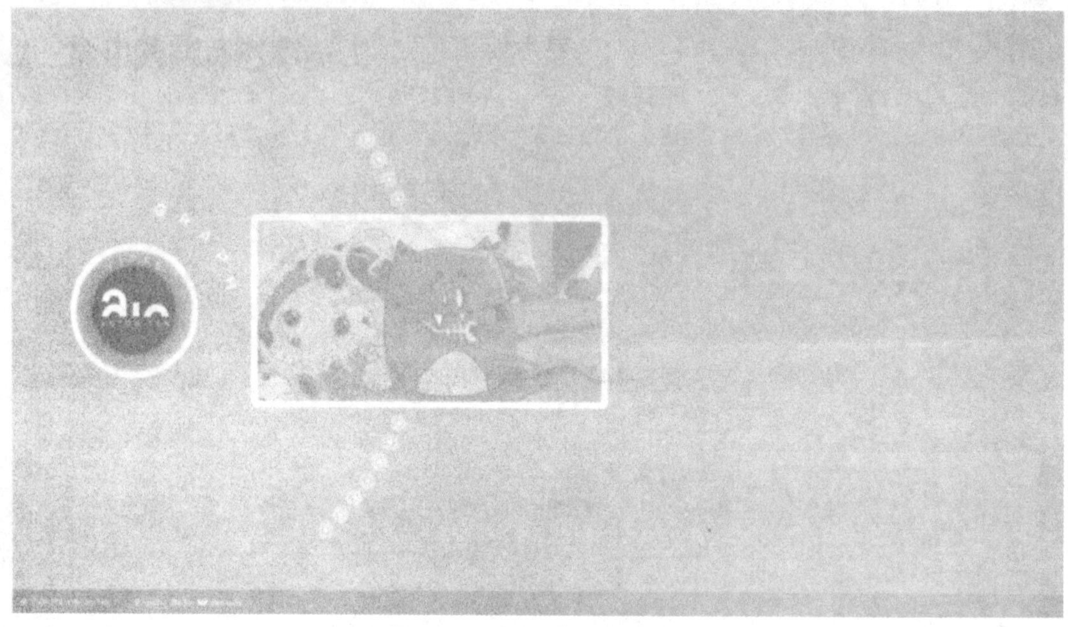

图 5-15　浏览器有该种颜色

图 5-16　浏览器没有该种颜色

图 5-17 给出了 216 种网页安全色的十六进制数值表示形式和相应的颜色。

图 5-17　216 种网页安全色

二、常用的网页色彩模式

常用的网页色彩模式有 RGB 色彩模式、Indexed 色彩模式等。

（一）RGB 色彩模式

现在的显示器一般采用 RGB（Red Green Blue）模式表示色彩，RGB 也是色彩空间最常用的色彩模式。

RGB 模式以 RGB 色彩模型为基础，混以不同的红色、绿色、蓝色来实现不同的颜色。一般的颜色都被用红、绿、蓝三种颜色以 0 ~ 255 的数值来表示。其中，0 表示没有该种颜色，255 表示加入纯粹的颜色。这三种颜色以不同的数值混合出不同的颜色，包括黑色、白色和不同灰度值的灰色。三种颜色的数值若都为 0 则混合为黑色；数值若都为 255 则混合为白色；数值若都相等并且不为 0 或 255，则混合为不同值的灰色。

通常 JPEG 格式的图片都采用 RGB 色彩模式。

（二）Indexed色彩模式

Indexed色彩模式，即索引颜色的模式，在这种模式中，只能存储8bit的色彩深度的数值。也就是说，Indexed色彩此类图像只能有256种颜色，而且这些颜色已经被预定义好了。

Indexed色彩模式可以运用在网页和其他基于计算机的多媒体显示中。通过对颜色种类的限制，可以有效地减小图像文件的大小，适合网页的快速浏览或者丝网印刷。

众所周知的GIF文件就是256色的图像格式。

三、网页设计中选用色彩的基本原则

（一）色彩整体风格统一

网页设计中各种色彩包括主色调、辅助色、点睛色和背景色，通过调和获得整体统一的色彩搭配。而色彩的整体是否协调，可以从色相的颜色、色性的冷暖、明度的明暗、纯度的高低等相互搭配组合来判断。通常需要根据页面的主题和所要表达的情感来进行相应的选择。

（二）色彩风格的适用性

网页设计师通常根据网页表现的不同内容而选择最适合的颜色。不同类型的网页需要不同的色彩来表现，使其内容和形式相统一，符合人们日常的认知习惯。例如，医学网页一般适用白色和较为安静的颜色；环境网页一般采用自然界比较多的绿色或者蓝色等；食品网页一般采用比较容易刺激人们食欲的颜色；女性网页一般采用柔美的颜色，如粉色等；男性网页采用刚毅和质地较硬的颜色，如黑色等。

（三）色彩风格的特色鲜明

使色彩风格的特色鲜明，应做到以下两点：

（1）通过对各种色相不同属性的选择，大胆突破并追求特色和个性特征，尽可能避免与其他同类设计的雷同并不失整体风格和适用性。

（2）符合网页主题的要求，使得色彩的运用发挥独特的艺术魅力和美感，设计一个与众不同的网页。

四、网页设计中色彩的作用

（一）功能区域划分

根据网页各个区域的功能不同，通过色彩的变化来划分区域，加深不同功能区域的划分，给浏览者一个醒目的视觉效果，如图5-18所示。

（二）主次关系引导

色彩的面积大小和位置的不同可以影响色彩的主次关系，如图5-19所示。

（三）情绪气氛的营造

通过对色彩的合理运用，可以营造网页主题的场景空间和气氛。

如图5-20所示，通过黑色和红色的色调，营造了神秘的影片氛围，尤其黑色的背景色调衬托出一种神秘莫测、深沉的视觉效果，同时增强了空间的真实感。

图 5-18　通过色彩变化划分区域

图 5-19　色彩面积大小和位置影响色彩关系

图 5-20　黑色和红色营造的氛围

第三节　实用的网页配色方案

一、色彩的情感象征

色彩的情感象征是指从心理学的角度研究色彩的情感和表现力。

不同的色彩能给人们带来不同的感受，使人们产生不同的情感联想。这些联想是人们主观的生理因素和心理因素作用的结果。人们在与自然界的物体所呈现的色彩反复接触之后，会在大脑中留下了一定的印象，形成不同的感受。但是色彩的情感并不是绝对的，它会受到许多主客观条件的制约，如不同的民族、不同的国家、不同的风俗习惯、不同的宗教信仰的人会因个人的性别、年龄、文化修养、文化程度及其对色彩的偏爱等的不同，对色彩的情感联想也各不相同。所以，色彩联想是相对的，在进行画面色彩构成时，网页设计师对情感色彩的设计要灵活运用，用心灵去体验、去感受客观世界中色彩的情感，设计出富有情感内涵的、优秀的网页作品。

在网页设计中，网页设计师是设计主体，是主宰和控制色彩以达到感情激发与传播的先决条件，而浏览者则因受到网页设计师所设计的色彩及营造的艺术氛围的感染，进而产生一系列的心理活动。例如，一幅画面中有充满张力、跳跃感的大红色块，画面会使人产生热烈、热情、温暖、激动、向上或前进等心理活动。网页设计师在考虑用色和进行色彩搭配时，首先要理解色彩的使用是否有促进主体的感情形成、升华画面艺术意境、达到丰富艺术意蕴的作用。也就是说，网页设计师在进行网页设计时，不仅要选择和控制色彩，还要注意控制或张扬色彩所特有的感情。

无论是网页设计师还是浏览者，在感受客观的色彩时，都会自然地产生联想、记忆、思绪和情感等一系列的心理活动。

在整个色彩体系里，有暖色系、中性色、冷色系和消色四个类别的常用色。因为不同的色彩会使人的心理产生不同的情绪，所以在进行网页设计时，画面的色彩构成就要参照和考虑色彩所具有的某些象征性的情感含义。

二、色彩情感象征属性实例分析

下面根据红色、橙色、黄色、绿色、黑色、白色等颜色，对色彩的情感象征属性举实例分析。

（一）热情的红色

在众多颜色中，红色是最鲜明生动、最热烈的颜色，是代表热情的情感之色。红色的色感温暖，性格刚烈而外向，是一种对人刺激性很强的颜色。红色容易引起人的注意，使人感到兴奋、激动、紧张、冲动。另外，红色还是一种容易造成人视觉疲劳的颜色。

红色在不同的明度、纯度（如粉红、红、深红等）下表达的情感有不同的感觉。

在网页颜色的应用中，根据网页主题内容的需求，纯粹使用红色作为主色调的网站相对较少，通常都配以其他颜色调和。红色多用于辅助色、点睛色，达到陪衬、醒目的效果。

红色相对于其他颜色，视觉传递速度最快。由于以上的红色传达出的特性，因此人们喜欢用红色作为警示标志的颜色，如消防、惊叹号、错误提示等。

1. 粉红色

粉红色主要是红色系中明度的高亮度的变化，如图 5–21 所示。

图 5–21　粉红色的网页

由主色调和辅助色调数值对比可知：主色调混合的 G 的成分较多且明度较高，因此纯度较低，色调柔和，在框架区域内较适合做类似背景色的辅助色。辅助色 R 数值比主色调 R 的数值稍高，红色性稍明显，加入的 G 相对少，B 明度稍低，因此相对纯度要高，辅助色应用在框架区域的导航栏位置，起突出导航栏的作用。点睛色起突出标志及购物主体的作用。

鲜艳的粉红色充满了柔情和诱惑，一般以粉红色为主色调的多适用于女性、化妆品和女性服饰等网站。

2. 红色

背景色为鲜艳的红色，搭配前景色为明度较高的黄色，给人以强烈的视觉刺激，多用于食品、休闲时尚的网站，如图 5–22 所示。

图 5-22　红色的网页

3. 深红色

深红色是在原有红色的基础上降低明度，是通过红色系中的明度变化获得的。通过数值显示可以看出图 5-23 中的明度较低。

图 5-23　深红色的网页

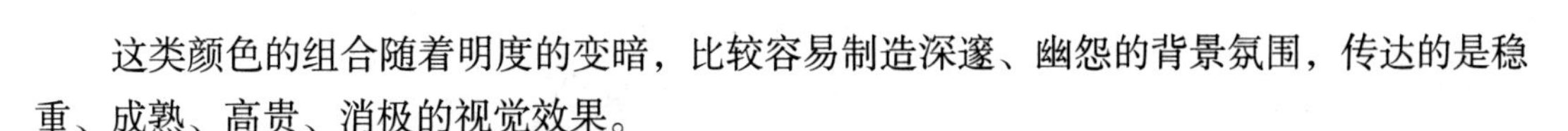

这类颜色的组合随着明度的变暗，比较容易制造深邃、幽怨的背景氛围，传达的是稳重、成熟、高贵、消极的视觉效果。

从数值上来看，主色调（背景色）的饱和度较高，但是由于降低了明度，颜色变得较沉稳，常作为辅助色。RGB 添加了适量的其他颜色，G 和 B 的数值区别不大，因此饱和度降低，颜色趋于柔和、稳定。点睛色的加入使页面视觉效果强化。

（二）华丽的橙色

在整个色谱里，橙色具有兴奋度，是最耀眼的色彩，给人以华贵而温暖、兴奋而热烈的感觉，是令人振奋的颜色。橙色具有轻快、欢欣、收获、温馨、时尚的效果，是代表快乐、喜悦、能量的色彩。橙色具有健康、富有活力、勇敢、自由等象征意义，能给人以庄严、尊贵、神秘等感觉。橙色在空气中的穿透力仅次于红色，也是容易造成视觉疲劳的一种颜色。

在网页颜色里，橙色适用于视觉要求较高的时尚网站，属于注目、芳香的颜色，也常被用于味觉较高的食品网站，是容易引起食欲的颜色。

1. 橙色

纯度较高的橙色以白色作为辅助色，其他一些颜色作为点睛色，使得网站显得明快而协调，表现为一种清爽而时尚的视觉效果，如图 5–24 所示。

图 5–24　橙色的网页

2. 淡橙色

明度较高的橙色配以其他邻近色，给人以简洁明快的视觉效果，传达的是愉悦、和谐、温柔的视觉效果，如图 5–25 所示。

图 5-25　淡橙色的网页

3. 橙红色

橙红色是在橙色的基础上加入少许邻近色——红色，整体上降低了明度。因为红色本身较橙色明度低，因此这里橙红色的明度呈现出较低状态。

前景色通常较明显地区别于背景色，达到宣传的目的。当饱和度较低的前景色与背景色变化不明显时，形成的是另外一种柔和统一的视觉效果，如图 5-26 所示。

图 5-26　橙红色的网页

（三）明快的黄色

黄色是阳光的色彩，具有活泼、轻快的特点，给人十分年轻的感觉，象征光明、希望、高贵、愉快。浅黄色代表柔弱，灰黄色代表病态。黄色的亮度最高，与其他颜色搭配很活泼，有温暖感，具有快乐、希望、智慧、轻快、有希望与功名等象征意义。黄色代表着土地，象征着权力，并且具有神秘的宗教色彩。

黄色所代表的性格冷漠、高傲、敏感，具有扩张和不安宁的视觉效果。

1. 浅黄色

浅黄色代表明朗、愉快、希望、发展，富有雅致、清爽属性，较适用于女性及化妆品类网站，如图 5–27 所示。

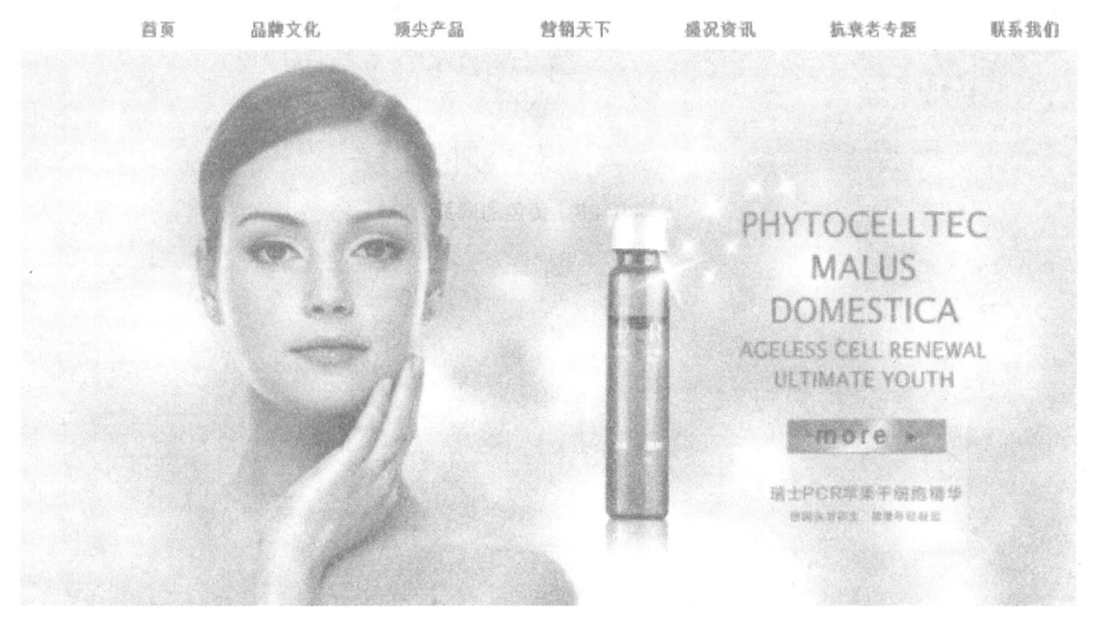

图 5–27　浅黄色的网页

2. 黄色

黄色给人崇高、尊贵、辉煌、注意、扩张的视觉效果，如图 5–28 所示。

3. 深黄色

深黄色给人高贵、温和、内敛、稳重的视觉效果，如图 5–29 所示。

（四）活力的绿色

绿色介于黄色和蓝色（冷暖）之间，属于较中庸的颜色。绿色代表的性格最为平和、安稳、大度、宽容，表现柔顺、恬静、满足、优美，是网页中使用非常广泛的颜色之一。

绿色与人类息息相关，代表的是永恒的欣欣向荣的自然之色，象征生命与希望，充满了青春活力。此外，绿色还象征着和平与安全、发展与生机、舒适与安宁、松弛与休息，有缓解眼部疲劳的作用。

图 5-28　黄色的网页

图 5-29　深黄色的网页

绿色本身具有一定的与自然、健康相关的感觉，常用于与自然、健康相关的网站，以及一些企业的公关网站或教育网站。

1. 浅绿色

浅绿色的主色调传达了一种优雅、休闲、和谐和宁静柔和的视觉效果，如图 5-30 所示，从视觉角度上浏览者长期浏览也不会感觉视觉疲劳。

图 5-30　浅绿色的网页

2. 绿 色

绿色的主色调配以黄绿色的配色，使浏览者感受到大自然的和谐和安宁，使人的心情变得格外明朗，如图 5-31 所示。

图 5-31　绿色的网页

3. 深绿色

深绿色的主色调给人一种成熟稳重、茂盛生命的视觉效果，使人心情开朗、健康。

（五）神秘的黑色

黑色是暗色，是纯度、色相、明度最低的非彩色，象征着力量，有时感觉沉默、虚空，有时感觉庄严、肃穆，有时又意味着不吉祥和罪恶。自古以来，世界各族人民都公认黑色代表死亡、悲哀。黑色具有能吸收光线的特性，给人一种变幻无常的感觉，如图 5-32 ~ 图 5-34 所示。

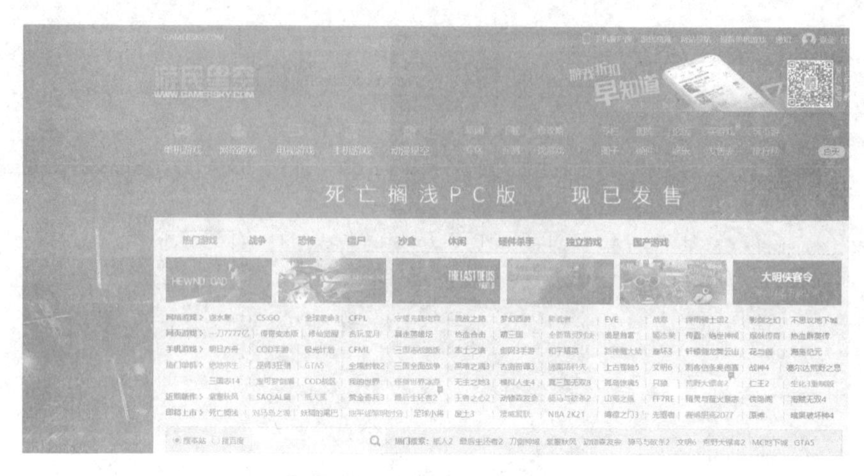

图 5–32 黑色的网页（一）

图 5–33 黑色的网页（二）

图 5–34 黑色的网页（三）

黑色能和许多色彩构成良好的对比调和关系，运用范围很广。

黑色也常用来表示英俊的男人。

黑色给人以黑暗、深沉、神秘、严肃、寂静、悲哀、压抑、刚毅、坚实的视觉感受，是最常用的搭配色，常用于服装、音乐、个人等具有较强个性色彩的网站。

（六）纯洁的白色

白色是明度最高的非彩色，是一种亮色，是非常显眼的色彩之一。白色代表的性格朴实、纯洁、快乐，象征着纯粹、朴素、高雅等。

作为非彩色，白色与黑色一样，可以与各种色彩搭配，构成明快的对比调和的关系，与鲜艳的色彩搭配显得更清朗，富有活力。

通常在网页设计的过程中，如果感觉整个页面略显沉闷，可以加入白色调和，作为点睛色，如图 5–35 ～图 5–37 所示。

图 5–35　白色调和网页色彩（一）

图 5–36　白色调和网页色彩（二）

图 5-37　白色调和网页色彩（三）

白色给人以纯洁、清洁、朴素、高雅、明快、神圣的视觉效果。

知识回顾

本章主要介绍了网页的色彩选择与搭配方法，并分别对网页的色彩组合、网页的配色方法进行了重点介绍。另外，本章还对红色、橙色、黄色、绿色、黑色、白色等色彩所代表的情感象征属性进行了实例分析，以帮助学生设计出更好的网页色彩。

课后练习

1. 什么是色彩对比?
2. 色彩调和的方式都有哪些?
3. 常用的网页色彩模式都有哪些?
4. 红色、橙色、黄色、绿色、黑色、白色分别有哪些情感象征属性?
5. 请为婴幼儿服装店铺设计网页配色。

第六章 网页中的文字设计

【知识目标】

1. 掌握文字工具的使用方法。
2. 掌握字符处理的方法。
3. 掌握段落处理的方法。

【技能目标】

1. 能够利用文字工具对文字进行各种效果的处理。
2. 能够对相关的文字进行字符、段落等整体效果的设计。

【知识导图】

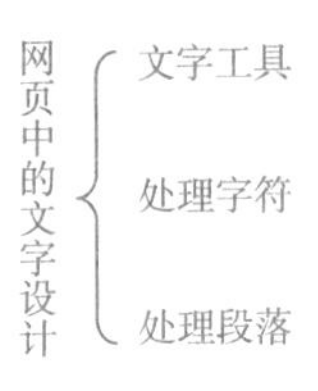

文本是构成网页的重要元素，既包含单个的字符，也包含由这些单个字符组成的段落。Photoshop 软件作为一种网页界面设计工具，结合操作系统自带的字体，具备强大的文字处理能力，可以为网页设计提供各种风格的文本内容。

一、文字工具

Photoshop 软件提供了两种主要的工具以处理文本内容，即“横排文字工具” T 和“竖排文字工具” IT，这两种工具可以在 Photoshop 中创建一个用于存储和显示矢量文字的文本图层，允许用户在该图层中输入和修改文本内容。

（一）横排文字工具

在“工具箱”中单击“横排文字工具” T，可激活该工具，在画布上单击鼠标，输入文本内容，即可创建文本图层，如图 6–1 所示。

图 6–1 创建文本图层

“横排文字工具” 可以直接创建水平方向流动的文本内容，并将其置于与文本内容名称一致的文本图层中。与之前介绍的几种工具类似，该工具也在“工具选项栏”中提供了几种设置选项，如图 6-2 所示。

图 6-2 “横排文字工具”的“工具选项栏”

“横排文字工具” 的工具选项主要用于定义字体的具体显示形式。

1. 选择字体

字体是文字具体的外形样式，在操作系统中，通常会预置各种语言的字体。当操作系统安装了某种字体之后，用户即可在 Photoshop 中调用这种字体，将字体应用到文本中。

在“工具选项栏”中，用户可以单击“搜索和选择字体”下拉菜单 ，在弹出的菜单列表中选择字体，然后将这些字体应用到选择的文本中。

2. 设置字体模式

字体模式是对字体的变化和改良。通常情况下，标准的字体会包含七种模式，即 Light、Narrow、Regular、Italic、Bold、Bold Italic 以及 Black，分别定义字体的细体、窄体、标准体、斜体、粗体、粗斜体和粗黑体等。用户在使用这些字体模式后，即可将这种变化应用在字体上。

网页中默认的中文标准字体是“宋体”，英文是“The New Roman”字体。如果在网页中没有设置任何字体，在浏览器中将以这两种字体显示。

字号大小可以使用磅（point）或像素（pixel）来表示。一般网页中常用的字号大小为 12 磅左右。较大的字体可用于标题或其他需要强调的内容，小一些的字体可用于页脚和辅助信息。需要注意的是，小字号容易产生整体感和精致感，但可读性较差。

无论选择什么字体，都要依据网页的总体设想和浏览的需要。在同一页面中，字体种类少，版面雅致、有稳重感；字体种类多，则版面活跃、丰富多彩。关键是如何根据页面内容来掌握这个比例关系。

行距的变化也会对文本的可读性产生很大影响，一般情况下，接近字体尺寸的行距设置比较适合正文。行距的常规比例为 10:12，即字号为 10 点，行距为 12 点，行距适当放大后字体感觉比较合适。

行距可以用行高属性来设置，建议用磅或默认行高的百分数为单位，如 line-height：20pt、line-height：150%。

Photoshop 软件中内置了四种消除锯齿的模式，即锐利、犀利、浑厚和平滑等。这些消除锯齿模式通过增加像素点或减少像素点的方式来对字体显示效果进行微调。除此之外，在高版本的 Windows 系统（6.0+）上，Photoshop 还可以调用系统的 Clear Type 技术来消除锯齿，即使用 Windows LCD 以及 Windows 两种消除锯齿模式来进行字体优化。

4. 设置字体的颜色

（1）颜色设置基础。

在网页设计中可以为文字、文字链接、已访问链接和当前活动链接选用各种颜色。例如，正常显示的字体颜色为黑色，默认的链接颜色为蓝色，鼠标单击之后又变为紫红色。使用不同颜色的文字可以使想要强调的部分更加吸引人，但应该注意的是，对于文字的颜色，只可少量运用，如果什么都想强调，其实是什么都没有强调。况且，在一个页面上运用过多的颜色会影响浏览者阅读页面内容，除非有特殊的设计目的。

颜色的运用除了能够起到强调整体文字中特殊部分的作用之外，对于整个文案的情感表达也会产生影响。

需要注意的是，文字的对比度包括明度上的对比、纯度上的对比以及冷暖上的对比。文字的对比度不仅对文字的可读性起作用，而且可以通过颜色的运用实现想要的设计效果，体现设计情感和设计思想。

（2）设置字体的前景色。

字体的前景色就是字体默认显示的颜色。单击“设置文本颜色”按钮，在弹出的“拾色器（文本颜色）”对话框中选取颜色，然后单击“确定”按钮将其应用到字体上，如图 6-3 所示。

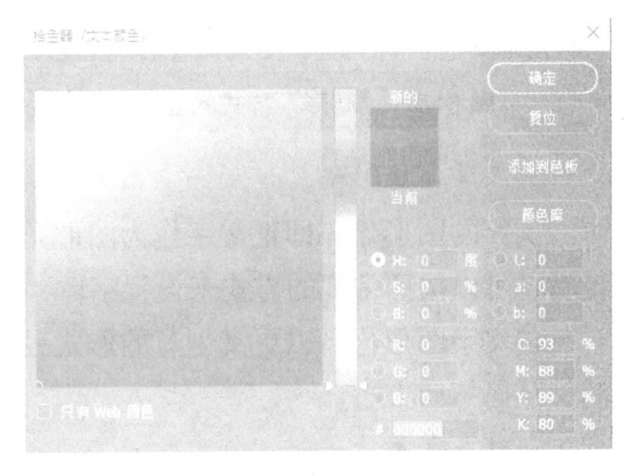

图 6-3　文本颜色的拾色器

5. 设置字体变形

字体变形是 Photoshop 提供的一种进阶字体处理方法，其作用是通过矢量曲线的运算来改变字体轮廓的线条，从而实现字体的扭曲效果。在“工具选项栏”中单击“创建文字变形”按钮，即可打开“变形文字”对话框，如图 6-4 所示。

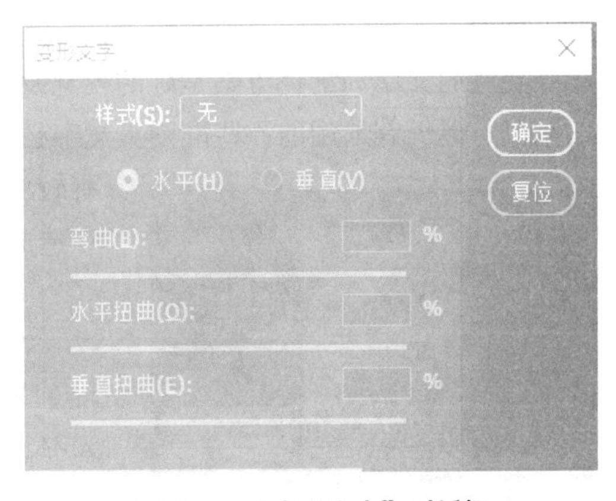

图 6-4　“变形文字”对话框

在该“变形文字”话框中，单击“样式”

的下拉菜单，选择“扇形”“下弧”“上弧”等变形样式，并选择变形的“水平”方向或“垂直”方向等，即可设置这些样式的“弯曲”度、“水平扭曲”度和“垂直扭曲”度等属性。

以“扇形”样式为例，在选定该样式之后，可以修改其默认的50%“弯曲”度，也可以为其增添新的“水平扭曲”度或“垂直扭曲”度，如图 6–5 所示。

在设置了字体变形的样式之后，即可单击“确定”按钮，将字体的变形样式应用到文本图层中，如图 6–6 所示。

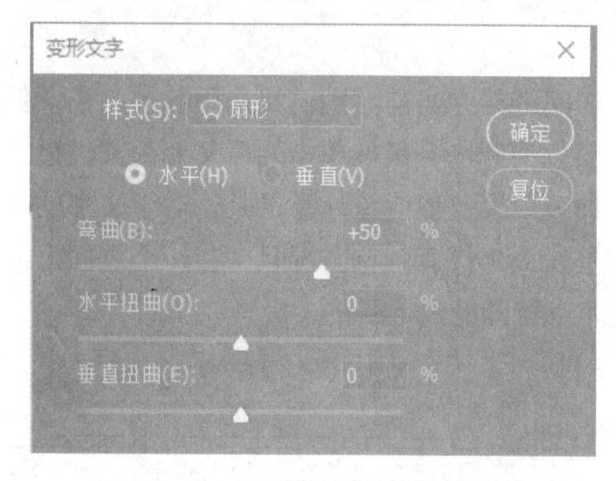

图 6–5　“扇形”样式的变形设置

图 6–6　字体变形效果

6. 文字的图形化

文字的图形化，即把文字作为图形元素来表现，同时强化其原有的功能。作为网页设计者，可以按照常规的方式来设置字体，也可以对字体进行艺术化的设计。

将文字图形化，以更富创意的形式表达出深层的设计思想，能够克服网页的单调与平淡，从而打动人心。

7. 让文字易读

字体是帮助用户获得与网站的信息交互的重要手段，因而文字的易读性和易辨认性是设计网站页面时的重点。不同的字体会营造出不同的氛围，不同的字体大小和颜色也会对网站的内容起到强调或提示等作用。

正确的文字和配色方案是好的视觉设计的基础。网站上的文字受屏幕分辨率和浏览器的限制，但仍有通用的一些准则：文字必须清晰可读、大小合适；文字的颜色和背景色应有较为强烈的对比度；文字周围的设计元素不能对文字造成干扰。

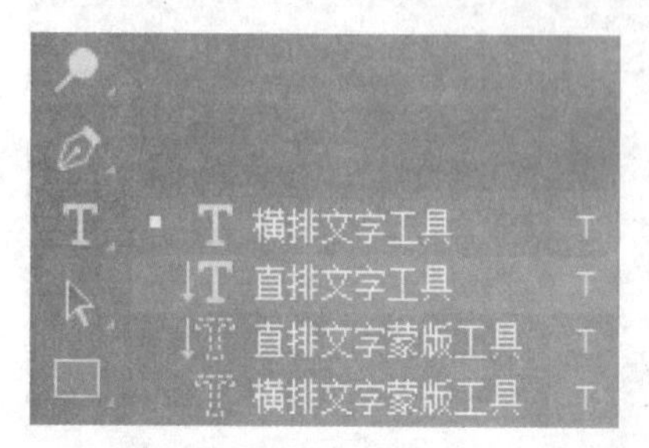

图 6–7　激活“竖排文字工具”

（二）竖排文字工具

在默认的 Photoshop 设置中，“工具箱”只会显示“横排文字工具”，用户需要单击“横排文字工具”，在弹出的菜单中选择“竖排文字工具”，即可激活“竖排文字工具”，如图 6–7 所示。

在此操作之后，用户直接在“工具箱”中单击“竖排文字工具”IT按钮，即可使用该工具来创建基于竖排的文本。

“竖排文字工具”与“横排文字工具”的区别在于：“横排文字工具”内的文本流以水平方向自左向右流动，而“竖排文字工具”内的文本则以垂直方向自上而下流动。在实际使用时，“竖排文字工具”与“横排文字工具”大体类似。

二、处理字符

Photoshop 软件为用户提供了强大的字符处理功能，允许用户改变字符的字体、样式、尺寸、间距、伸缩和颜色等一系列属性，帮助用户建立更加丰富的文本内容。上述功能都依赖 Photoshop 内置的“字符”面板来实现。在 Photoshop 中执行“窗口”｜“字符”命令，激活“字符”面板并将其置于显示状态，如图 6–8 所示。

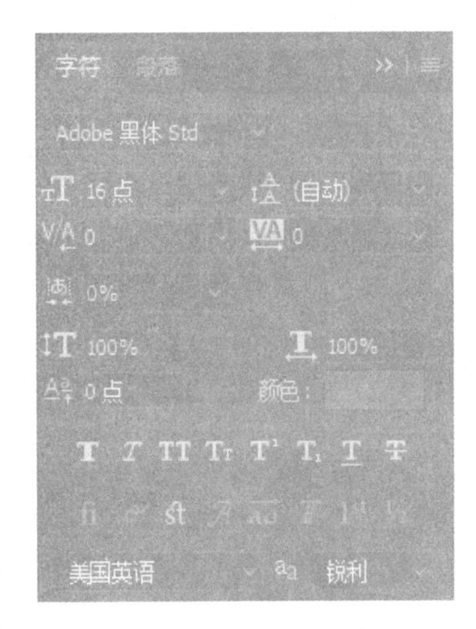

图 6–8　“字符”面板

“字符”面板为用户提供了众多的字体设置功能，通过这些功能，用户可以方便地改变字体的各种样式。

需要注意的是，“标准连字”fi、“上下文替代字”、“自由连字”st、“花饰字”、“文字替代字”、“标题替代字”、“序数字”和“分数字”八种字符样式设置按钮仅在用户所选字体为 OpenType 类型字体时可用。

关于字符的处理，用户可创建一个文本图层，输入文本内容后再将其选中，通过实际的“字符”面板设置来自行体验其效果。

三、处理段落

段落是由若干字符组成的集合，是文本的一种基本单位。Photoshop，为用户提供了“段落”面板，用于帮助用户处理字符的集合，实现文本的排版功能。在 Photoshop 中执行“窗口”｜“段落”命令，即可激活“段落”面板，其显示界面如图 6–9 所示。

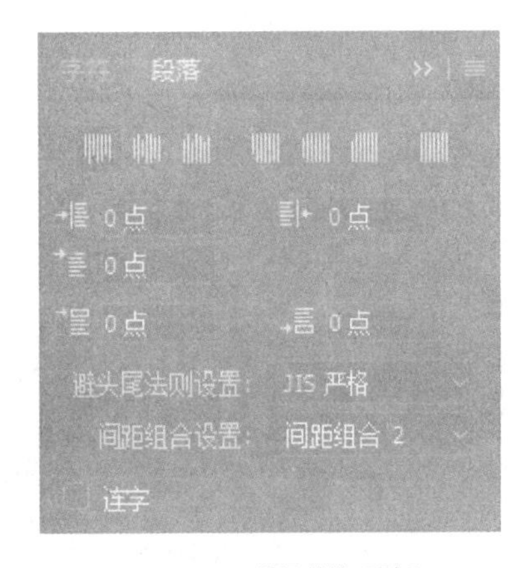

图 6–9　“段落”面板

“段落”面板主要承载了三方面的功能，即段落文本的对齐、缩进以及前后间距。

需要注意的是，“避头避尾法则设置”仅对亚洲相关语言字符构成的文本有效，通常应用于日文、中文等全角文本；“连字”设置则仅对由拉丁字母构成的文本有效。

用户通过“段落”面板可以方便地定义段落文本的字符以及段落之间的间距设置，实

现更加丰富的内容排版。

知识回顾

本章主要介绍了“文字工具”（包括“横排文字工具”“竖排文字工具”）的使用方法，以及字符的处理和段落的处理。

课后练习

1. 如何选择字体?
2. 如何设置字体变形?
3. 如何对段落进行处理?

超链接及表单的设计

网络的核心元素是超链接，可以说没有超链接，就不是真正的万维网。超链接把互联网上众多的网站和网页联系起来，为网民畅游网络提供了方便，真正实现了网络无国界。超链接是网页制作中使用得比较多的一种技术。

【知识目标】

1. 了解超链接的设计方法。
2. 了解表单的设计方法。

【技能目标】

1. 能够制作文本、图像、锚记等形式的超链接。
2. 能够在网页中制作表单。

【知识导图】

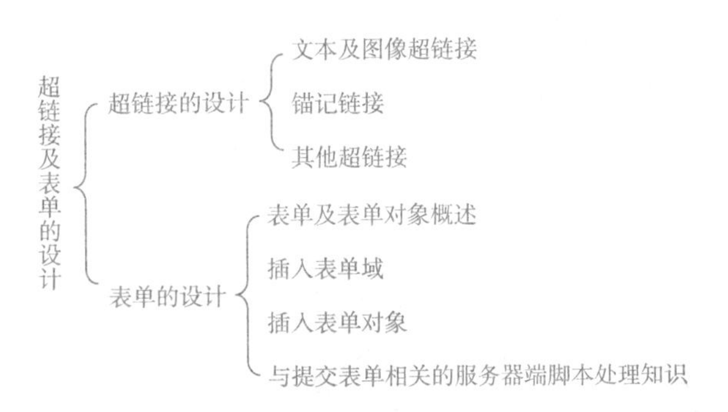

第一节　超链接的设计

所谓的超链接，是指从一个网页指向一个目标的链接关系，这个目标可以是另一个网页，也可以是相同网页上的不同位置，还可以是一个图片、一个电子邮件地址、一个文件，甚至是一个应用程序，而在网页中用作超链接的对象，可以是一段文本或者是一个图片。

当浏览者单击已经建立超链接的文字或图片后，链接目标将显示在浏览器上，并根据目标打开或运行。

默认状态下，超链接一般带有下画线，并内嵌了互联网地址，即URL（Uniform Resource Locator），意思是统一资源定位符。简单地讲，URL就是网络上的一个站点，网页的完整路径。

网页上的超链接一般分为两种：一种是绝对URL的超链接，从一个网站的网页链接到另一个网站的网页必须使用绝对路径，包括所使用的传输协议，如http：//www.baidu.com；另一种是相对路径的超链接，如将自己网页上的某一段文字或某标题链接到同一网站的其他网页上，本书中的素材网页基本上都是这类链接。另外，还可以利用锚记导航，在同一网页中创建超链接。

超链接按目标端点的链接划分，可分为外部链接和内部链接。其中，内部链接是指链接的目标端点是本地站点中的文件，而外部链接则指链接的目标端点是本站点之外的URL。

一、文本及图像超链接

（一）制作超链接使用的软件简介

1.Dreamweaver 软件概述

制作超链接常用的软件是Dreamweaver，Dreamweaver软件是美国Macromedia公司开发的集网页制作和网站管理于一身的所见即所得网页编辑器，它是第一套针对专业网页设计师特别研发的视觉化网页开发工具，利用它可以轻而易举地制作出跨越平台限制和跨越浏览器限制的充满动感的网页。

2.Dreamweaver 的工作界面

启动Dreamweaver CS6，进入Dreamweaver CS6工作界面（图7-1），其中包括菜单栏、工具栏、编辑窗口、“属性”面板、浮动面板组和“插入”面板六个部分，下面主要介绍其中五个部分。

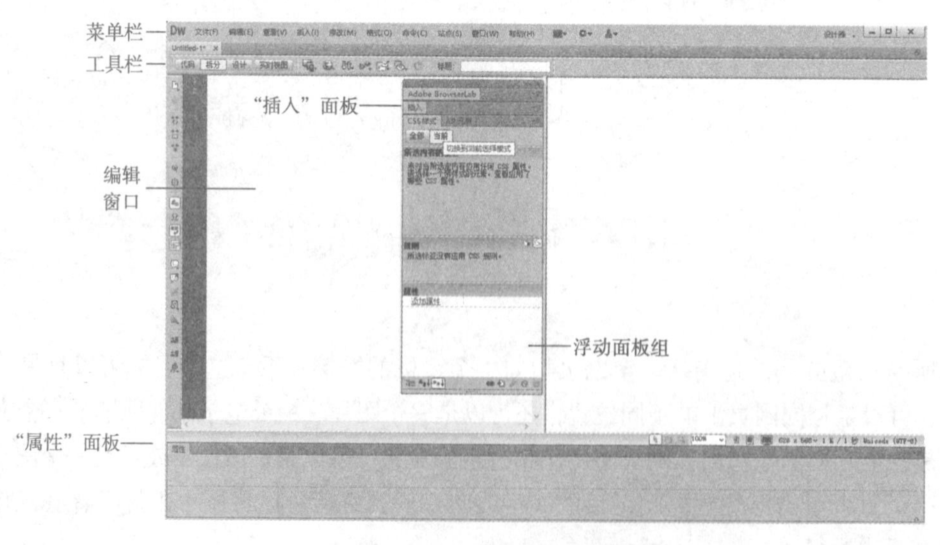

图7-1　Dreamweaver CS6 工作界面

（1）菜单栏。

菜单栏中包含多个菜单，如“文件”“编辑”“查看”“插入”“修改”“格式”“命令”“站点”“窗口”和“帮助”等，如图 7–2 所示，单击任意一个菜单将弹出下拉菜单，从中选择不同的菜单项，执行命令可以完成相应的操作。

文件(F)　编辑(E)　查看(V)　插入(I)　修改(M)　格式(O)　命令(C)　站点(S)　窗口(W)　帮助(H)

图 7–2　菜单栏

“文件”菜单：包含“新建”“打开”“保存”“保存全部”命令以及含其他各种命令，用于查看当前文档或对当前文档执行操作。

“编辑”菜单：包含选择和搜索命令，如“选择父标签”和“查找和替换”。

“查看”菜单：可以看到文档的各种视图，如“设计”视图和“代码”视图，并且可以显示和隐藏不同类型的页面元素和 Dreamweaver 工具及工具栏。

“插入”菜单：提供“插入”栏的替代项，用于将对象插入文档中。

“修改”菜单：可以更改选定页面元素或项的属性。单击此菜单项，可以编辑标签属性，更改表格和表格元素，并且为库项目和模板执行不同的操作。

“格式”菜单：用来对文本进行操作，包括字体、字形、字号、字体颜色、HTML/CSS 样式、段落格式化、扩展、缩进、列表和文本的对齐方式等。

“命令”菜单：提供对各种命令的访问，包括设置代码格式的命令、创建相册的命令等。

“站点”菜单：提供用于管理站点以及上传和下载文件的命令。

“窗口”菜单：提供对 Dreamweaver 中的所有面板、检查器和窗口的访问命令。

“帮助”菜单：提供对 Dreamweaver 文档的访问，包括关于使用 Dreamweaver 和创建 Dreamweaver 扩展功能的帮助系统以及各种语言的参考材料。

（2）工具栏。

工具栏中包含各种工具按钮，如图 7–3 所示。

代码　拆分　设计　实时视图　标题:

图 7–3　工具栏

“代码”按钮：可以在“文档”窗口中显示“代码”视图。

“拆分”按钮、“设计”按钮：在“文档”窗口的一部分中显示“代码”视图，而在另一部分中显示“设计”视图。

“实时视图”按钮：显示不可编辑的、交互式的、基于浏览器的文档视图。

“多屏幕”按钮：用于查看页面，就如同页面在不同尺寸的屏幕中显示。

“在浏览器中预览 / 调试”按钮：可以在浏览器中预览或调试文档。

“文件管理”按钮：用于显示“文件管理”弹出菜单。

“W3C 验证”按钮：用于验证当前文档或选定的标签。

“检查浏览器的兼容性”按钮：用于检查所设计的页面对不同类型浏览器的兼容性。

“可视化助理”按钮：可以使用不同的可视化助理来设计页面。

“刷新设计视图”按钮：在“代码”视图中进行更改后刷新文档的“设计”视图。

“标题”文本框：可以为文档输入一个标题，将显示在浏览器的标题栏中。如果文档已经有了一个标题，则该标题将显示在该区域中。

（3）“属性”面板。

“属性”面板，主要用于查看和更改所选择对象的各种属性，如图 7–4 所示。“属性”面板包含两个选项，即 HTML 选项和 CSS 选项。其中，HTML 选项为默认格式，单击不同的选项可以设置不同的属性。

图 7–4 “属性”面板

（4）浮动面板组。

浮动面板组位于文档窗口的右侧，是组合在相同标题下的多项相关设置功能的面板集合，主要包括 CSS 样式、AP 元素、标签检查器、数据库、绑定、服务器行为、文件和资源等多个面板。单击该面板组右上方的按钮，将使面板折叠为图标显示，此时该按钮变为形状，图 7–5 为改变面板组折叠方式后的效果。

（5）“插入”面板。

Dreamweaver CS6 中最常用的面板就是“插入”面板。该面板包含多个次一级的面板，通过这些面板可以轻松地实现各种网页对象的插入。

①“常用”插入面板。

“常用”插入面板包含网页中各种常见的元素，如超链接、水平线以及表格等，如图 7–6 所示。

②“布局”插入面板。

“布局”插入面板包括“标准”表格和“扩展”表格两个选项卡，如图 7–7 所示。

③“表单”插入面板。

“表单”插入面板用于在网页中快速添加各种表单元素，如表单、文本字段、隐藏域等，如图 7–8 所示。

④“数据”插入面板。

在“数据”插入面板中，用户可以插入各种数据，如 Spry 数据对象、记录集和插入记录等，单击某个子菜单按钮，即可完成相应的操作，如图 7–9 所示。

⑤“Spry”插入面板。

“Spry”插入面板包含了一些用于构建 Spry 页面的按钮，如图 7–10 所示。

图 7–5　改变面板组折叠方式后的效果

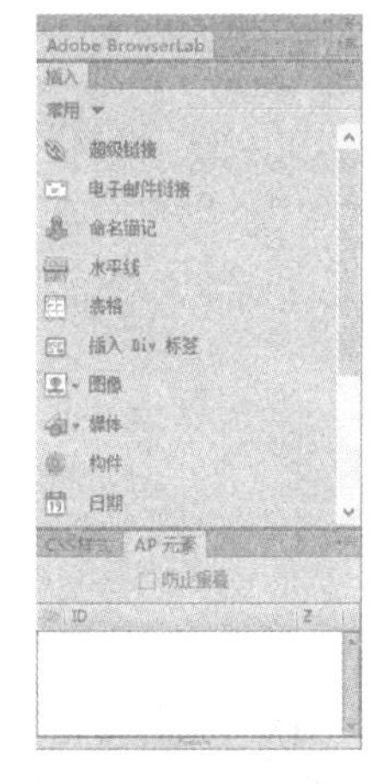

图 7–6　“常用”插入面板

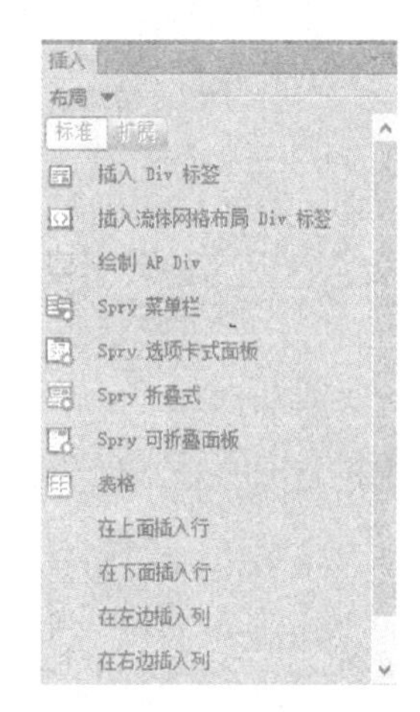

图 7–7　“布局”插入面板

图 7–8　“表单”插入面板

图 7–9　“数据”插入面板

图 7–10　“Spry”插入面板

⑥“jQuery Mobile”插入面板。

“jQuery Mobile”是 jQuery 在手机、平板电脑等移动设备上的 jQuery 核心库，通过“jQuery Mobile”插入面板可以快速地在页面中添加指定效果的可折叠区块、搜索等对象，如图 7–11 所示。

⑦“InContext Editing”插入面板。

“InContext Editing”插入面板中包含供生成 InContext 编辑页面的按钮，包括创建可编辑区域、创建重复区域等按钮，如图 7–12 所示。

⑧“文本”插入面板。

利用“文本”插入面板在网页中添加文本与在 Word 等文字处理软件中添加文本一样方便。“文本”插入面板如图 7-13 所示。

图 7-11 “jQuery Mobile” 插入面板

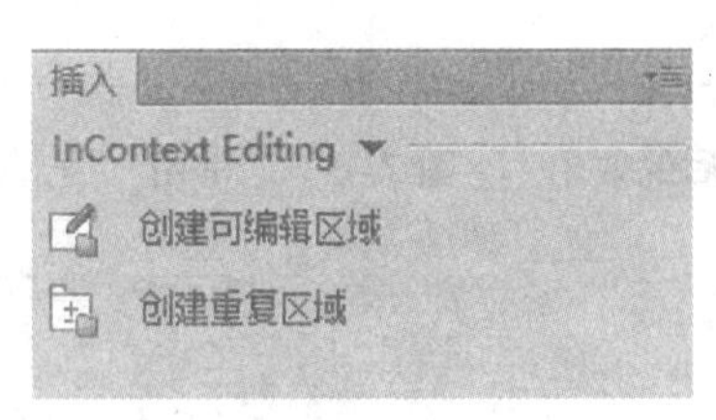

图 7-12 “InContext Editing” 插入面板

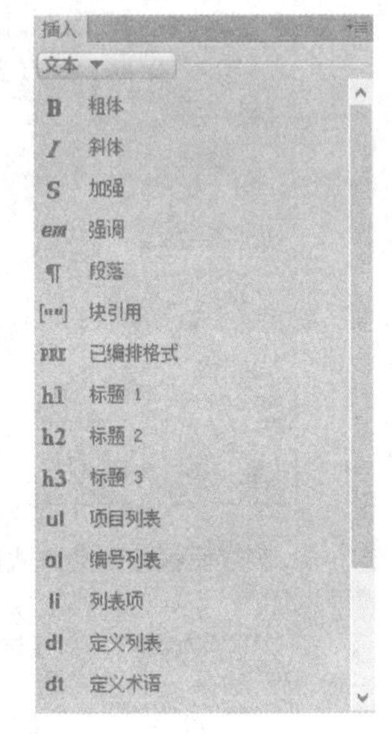

图 7-13 “文本”插入面板

⑨“收藏夹”插入面板。

在“收藏夹”插入面板中，单击鼠标即可自定义收藏夹对象，如图 7-14 所示。

图 7-14 “收藏夹”插入面板

（二）文本及图像超链接的制作

（1）打开 Dreamweaver 软件，选择希望建立超链接的文本、图像或对象。双击打开站点文件夹下的“index.html”文件，选中导航栏中要建立超链接的文本。

（2）如图 7-15 所示，在“属性”面板中单击“链接”文本框右侧的“浏览文件”图标，打开“选择文件”对话框，选择要链接的目标文件，单击“确定”按钮。（这种链接属于内部超链接。）

图 7–15　“属性”面板中的超链接

用户可拖动“指向文件”图标指向“文件面板”中要链接的文件，也可直接在“链接”文本框中输入要链接的文件的路径和文件名，但建议不要使用这种方式以避免链接出错。

（3）选择被链接的文件显示的目标窗口，如图 7–16 所示。

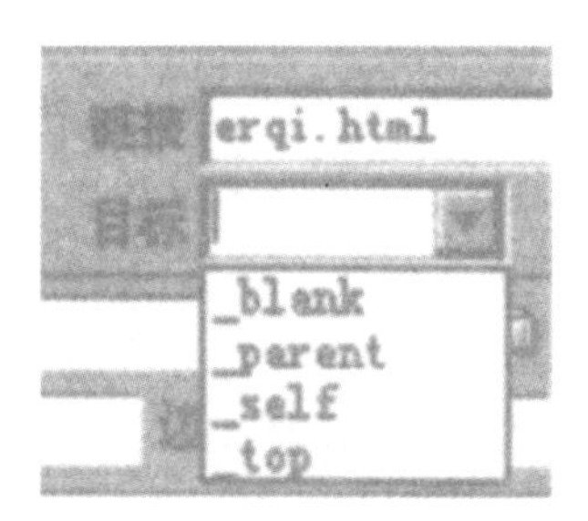

图 7–16　设置目标属性

① _blank：将被链接的文件显示在一个新的未命名的框架或浏览器窗口内，即在新窗口中打开。

② _parent：将被链接的文件显示在父框架或包含该链接的框架窗口中，即在上一级窗口中打开。

③ _self：将被链接文档显示在和链接同一框架的浏览窗口内，即在同一窗口中打开，该项为默认选项。

④ _top：将被链接文件载入到相同框架或窗口中，即在浏览器的整个窗口中打开。

（4）在网页底部，单击“友情链接”栏目中的文字“百度”连接到 http：//www.baidu.com 中。（这种链接属于外部超链接。）

二、锚记链接

锚记链接又称锚点链接，指在同一页面的不同位置的链接。当一个全页面的内容较多且内容较长时，为了方便用户浏览网页，可以使用锚记链接快速跳转到想要浏览的位置。

（1）双击打开站点文件夹，将要链接的文件拖动滚动条到页面的末尾，光标在页面顶部定位。

（2）单击“常用”工具栏中的“命令锚记”按钮或者执行“插入”｜“命名锚记”命令，弹出“命名锚记”对话框（图 7–17），在“锚记名称”文本框中输入“db”这个锚记以供链接引用。

图 7-17 “命名锚记”对话框

（3）拖动滚动条到页面的最下端，选择“返回顶部”字样，在“属性”面板的“链接”文本框中输入“#db”，按 F12 键预览页面，单击页面最底部的“返回顶部”字样直接跳转到刚才设置锚记的地方。

用同样的方法，读者可以在页面中设置多个锚记和链接，实现页面内的跳转。

三、其他超链接

（一）E-mail 链接

为了方便网站维护人员获取用户的反馈意见，Dreamweaver 软件中提供了电子邮件链接。当浏览者单击电子邮件时，系统会自动启用浏览器默认的电子邮件处理程序，其中的收件人地址会自动更新为链接地址。

在上述被打开网页底部，选择“用户反馈”字样，执行“插入”｜“电子邮箱链接”命令，弹出“电子邮件链接”对话框，如图 7-18 所示。在“文本”文本框中输入或编辑作为电子邮件链接显示在文件中的文本（可以是中文），在“电子邮件”文本框中输入送达的 E-mail 地址，单击“确定”按钮完成设置。

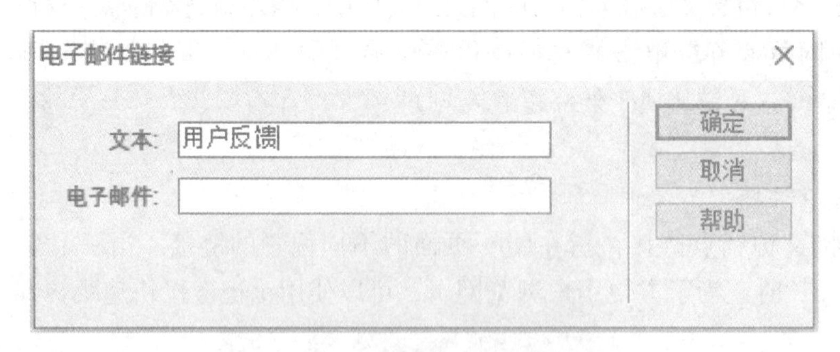

图 7-18 “电子邮件链接”对话框

（二）文件下载链接

文件下载链接与普通链接的使用方法一样。当被链接的文件不被浏览器支持时，被浏览器直接下载，用户可以选择是否保存到本地计算机中。

（1）在“index.html”网页底部，选择“常用工具下载”栏目中的“Photoshop”。

（2）在“属性”面板中单击“链接”文本框右侧的“浏览文件”图标，弹出“选择文件”对话框，选择站点文件夹下的“... \ file\photoshop.rar”文件，单击“确定”按钮，链接后如图 7–19 所示；按 F12 键预览，单击“photoshop”文件，弹出“文件下载”对话框，如图 7–20 所示。

注意：应提前将要下载的文件压缩打包。

图 7–19　创建文件下载链接

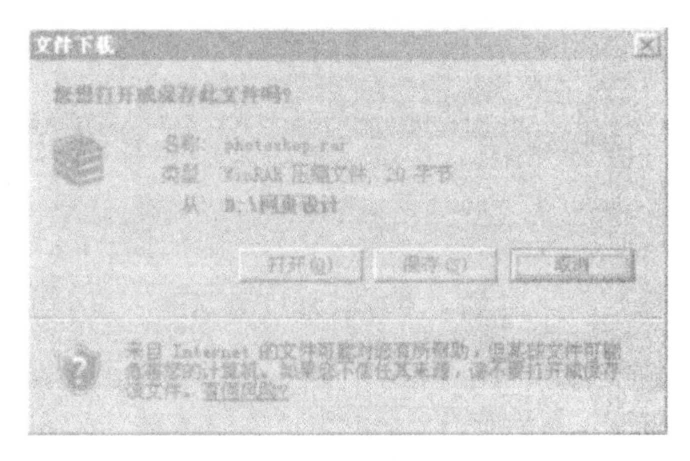

图 7–20　“文件下载”对话框

（三）空链接

空链接是指没有目标端点的链接。空链接具有链接的属性，但不会链接转到任何位置。JavaScript 在执行 Onmouserover 以及其他事件时需要链接，但并不是链接到文本、图像或其他对象上，这时就需要创建空链接来实现，即不指向任何地方的链接。

（1）在文档窗口中选择要链接的对象。

（2）在“属性”面板中的“链接”文本框中输入“#”。

第二节　表单的设计

一、表单及表单对象概述

表单是用户和服务器交互的一个重要方式，利用表单，服务器可以收集用户信息，如

可以采集访问者的名字、E-mail 地址、调查表、留言簿和搜索界面等。

表单（Form）技术可以实现浏览者同互联网服务器之间信息的交互传递，它是网络信息收集处理的一种重要的方式。通过表单可以从网络的用户端收集信息，然后将收集来的信息经过服务器处理后再反馈给用户。无论是电子商务、网上调查，还是留言板、聊天室，都要求网页能够接收用户输入的信息，而表单就是网站获取用户信息的重要手段之一。

表单域中可以插入任何 HTML 对象，如文本、表格和图像。表单对象特指表单域中专门处理用户输入数据的元素，包括文本域、隐藏域、按钮、图像域、文件域、单选按钮及单选按钮组、复选框、列表、菜单、跳转菜单、标签和字段集以及 Spry 验证系列。

注意：插入表单对象的菜单操作方式为选择“插入”｜“表单”菜单中的各项，下面的操作方法只讲述从工具栏中选择的方法。

二、插入表单域

如图 7-21 所示，申请 QQ 账号的界面就是一个表单网页。表单中有文本框、单选按钮、下拉列表、按钮，这些元素被称为表单对象，将这些能完成一定功能的表单对象的集合称为表单域。

图 7-21　申请 QQ 表单网页

在网页中插入表单域并设置其属性的方法如下：

（1）选择“插入”｜“表单”｜“表单”选项或者在“表单”工具栏中单击□按钮。此时在编辑窗口中显示红色虚线框，该区域即插入的表单域，也称表单。图 7-22 所示为插入表单后的设计视图。表单域在浏览器中不可见，即看不到红色虚线。

图 7-22　插入表单域后的设计视图

注意：必须把所有表单对象都放入一个表单域中，才能成功提交所有表单对象中的数据，即需要先插入表单域，然后在表单域中插入表单对象。

（2）在表单域的“属性”面板中设置属性，如图 7-23 所示。

图 7-23　表单“属性”面板

①表单名称：该文本框用于设置表单名称，对应代码的“name”属性。

②动作：在文本框中输入处理该表单的动态页或用于处理表单数据的程序路径，或者单击右侧的文件夹图标来选择，对应代码的“action”属性。

③目标：设置将表单被处理后，反馈网页打开的方式。该下拉列表框共包括“_blank”“_parent”“_self”“_top”四个选项。

④方法：设置将表单发送到服务器的方法，包括“默认”“POST”“GET”三个选项，对应代码的“method”属性。

默认：使用默认的方法发送，大多数浏览器采用 GET 方法。

GET：将表单数据以附加到 URL 的形式传递给服务器。对传递的数据有数量和格式方面的限制，而且采用 GET 方式发送数据不安全，近年来已很少被采用。

POST：将表单数据以标准输入（鼠标、键盘）的形式传递给服务器，对传递的数据不加限制。

⑤ MIME 类型：该下拉列表框设置发送数据的 MIME 编辑类型，包括“application-x-www-from-urlencoded”和“multipart / form-data”两个选项。“application-x-www-from-urlencoded”通常与 POST 方法协同使用。一般情况下选择该项，默认也为该项，但如果表单中包含文件上传域，则选择“multipart / form-data”选项。

三、插入表单对象

（一）插入文本域

文本域是表单用于收集由用户输入文本信息的表单对象。

（1）将光标定位在表单域内要插入文本框的位置，单击“表单”工具栏中的“文本字段”按钮（光标在“表单”工具栏按钮上停留，就会显示该按钮的表单对象名称），弹出“输入标签辅助功能属性”对话框，在“标签文字”文本框中输入“昵称：”，如图 7-24 所示。单击“确定”按钮，设置效果如图 7-25 所示。

（2）在“属性”面板中设置文本域的属性，如图 7-26 所示。

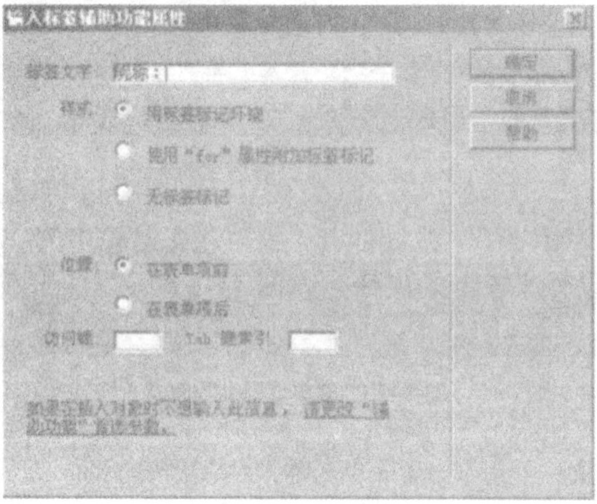

图 7-24 “输入标签辅助功能属性”对话框

图 7-25 插入文本域效果图

图 7-26 单行文本域“属性”面板

（3）换行输入文字“个人宣言：”，然后单击“表单”工具栏中的“文本字段”按钮，弹出“输入标签辅助功能属性”对话框，默认设置，单击“确定”按钮，如图 7-27 所示。

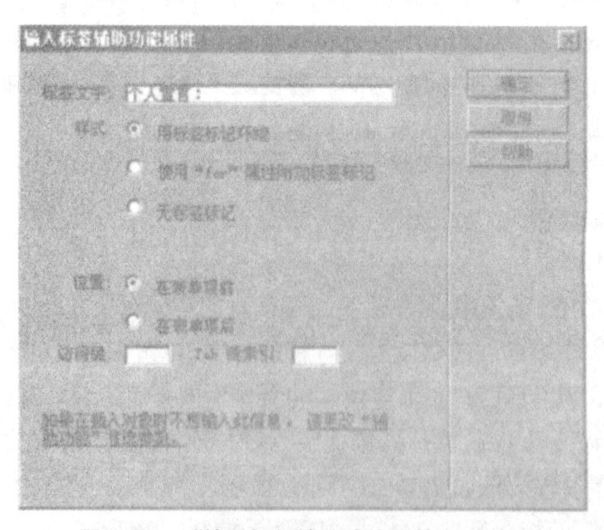

图 7-27 “输入标签辅助功能属性”对话框

（4）在“属性”面板中设置文本域的属性，如图 7–28 所示。

图 7–28　多行文本域“属性”面板

（5）换行输入文字“密码：”，然后单击“表单”工具栏中的“文本字段”按钮。

（6）在“属性”面板中设置文本域的属性，如图 7–29 所示。

图 7–29　密码文本域的“属性”面板

（7）用同样的方法输入“确认密码：”。

（8）按 F12 键，预览网页，输入的密码以点状显示，如图 7–30 所示。

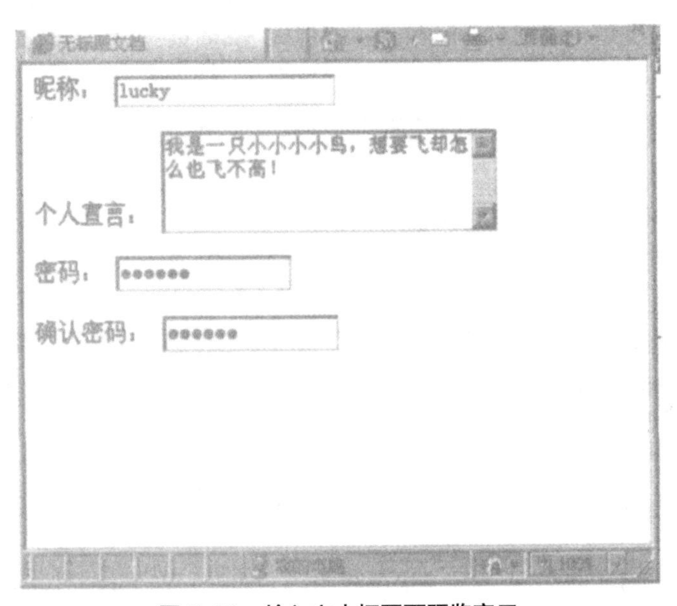

图 7–30　输入文本框页面预览窗口

（二）插入复选框

复选框☑是让用户进行选择的控件，可以从复选框组中选择多项。复选框的响应都可以进行“关闭”和“打开”状态切换。

（1）右击站点文件夹，新建网页文件；单击“表单”工具栏中的“表单”按钮，插入表单域。

（2）光标在表单域内定位，单击“表单”工具栏中的“复选框”按钮，弹出“输入标签辅助功能属性”对话框，在“标签文字”文本框中输入“wenxue”，单击“确定”按钮。

（3）选定复选框，在“属性”面板中进行设置，如图 7–31 所示。

图 7–31　复选框“属性”面板

（4）用同样的方法添加“运动”复选框。

①复选框名称：设置所选复选框的名称，通常表单中会有多个复选框，每个复选框都必须有一个且唯一的名称。

②选定值：设置复选框被选择时的取值。当用户提交表单时，该值被传送给服务器。

③初始状态：设置复选框的初始状态。“已勾选”表示初始状态被选中，此时复选框为自动勾选状态；“未选中”表示初始状态未被选中。

（三）插入单选按钮

单选按钮◉在一组中只能选择一个选项。选中一组中某个单选按钮，则原来选中该组中的其他单选按钮会被取消选择。

（1）右击站点文件夹，新建网页文件；单击“表单”工具栏中的“表单”按钮，插入表单域。

（2）光标在表单域内定位，单击“表单”工具栏中的“单选按钮”。两个单选按钮的标签分别设置为“男”和“女”，如图 7–32 所示。

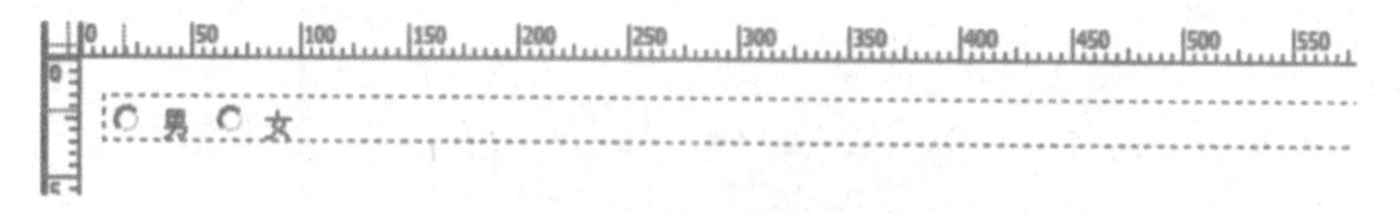

图 7–32　插入单选按钮

（3）单击并选中“男”或“女”单选按钮，“属性”面板设置如图 7–33 所示。

①单选按钮：设置单选按钮的名称，同一个单选按钮组中的按钮名称相同。

②选定值：设置选中单选按钮后控件的值，此值可以被递交到服务器。

③初始状态：设置在浏览器中被载入表单时，该单选按钮是否被选中。

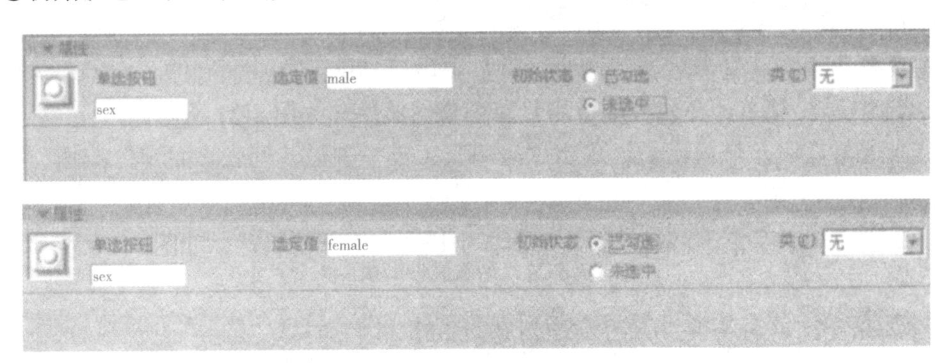

图 7-33　单选按钮“属性”面板

（四）插入单选按钮组

单选按钮组相当于多个名称相同的单选按钮，除了插入方法不同之外，两者之间没有任何区别。

（1）右击站点文件夹，新建网页文件；单击“表单”工具栏中的“表单”按钮，插入表单域。

（2）光标在表单域内定位，单击“表单”工具栏中的“单选按钮组”按钮，弹出“单选按钮组”对话框，设置如图 7-34 所示。

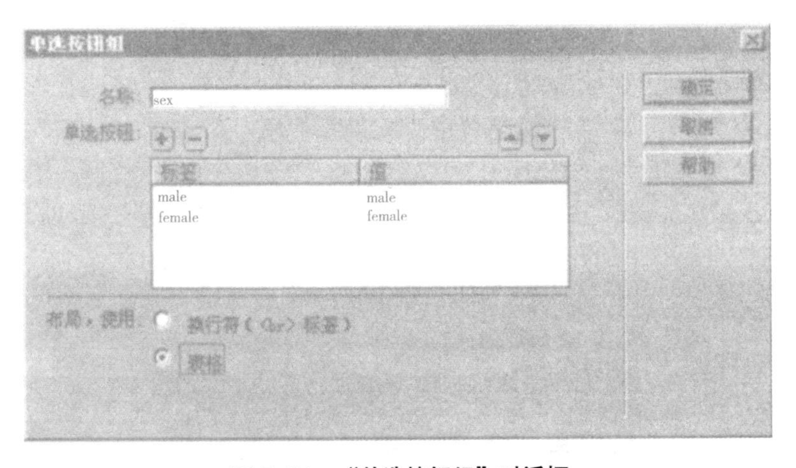

图 7-34　“单选按钮组”对话框

①名称：设置该单选按钮组的名称。

②单选按钮：可以单击“添加”按钮，为新增加的按钮输入“标签”和“值”。其中，“标签”为按钮的说明文字，“值”相当于“属性”面板中的“选定值”；单击“移除”按钮可以从组中删除一个单选按钮，单击“上移”按钮或“下移”按钮，可以对这些按钮进行上移或下移操作。

③布局，使用：如果选择“换行符”，则会将单选按钮直接换行，如果选择“表格”，则会创建一个单列表格，则将单选按钮放在左侧，将标签放在右侧。

（五）列表

（1）右击站点文件夹，新建网页文件；单击“表单”工具栏中的“表单”按钮，插入表单域。

（2）光标在表单域内定位，单击“表单”工具栏中的“列表 / 菜单”按钮，在光标的位置插入表单 / 菜单。

（3）选中列表 / 菜单，在“属性”面板中设置列表的属性，如图 7–35 所示。

图 7–35　列表“属性”面板

①列表 / 菜单：该文本框设置所选择列表的名称。

②类型：设置为“列表”或“菜单”显示形式。本例中选择“列表”。

③高度：设置列表框中显示的行数。

④选定范围：默认为单选。勾选“允许多选”复选框后，则可以按 Shift 键对列表选择多项。

⑤列表值：单击“列表值”按钮，弹出“列表值”对话框，设置如图 7–36 所示。

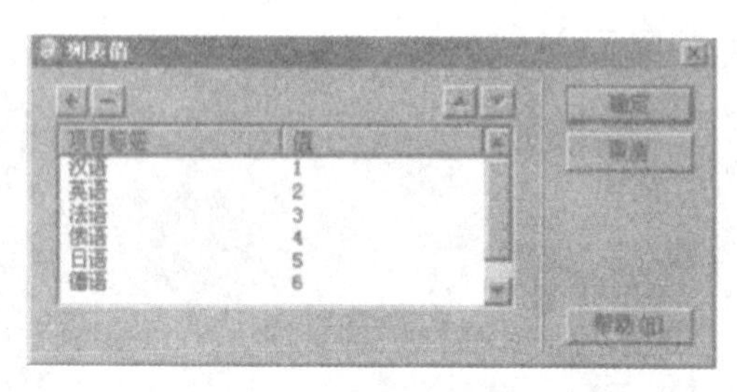

图 7–36　“列表值”对话框

（4）设置完“列表值”后，效果如图 7–37 所示。按 F12 键，预览网页效果。

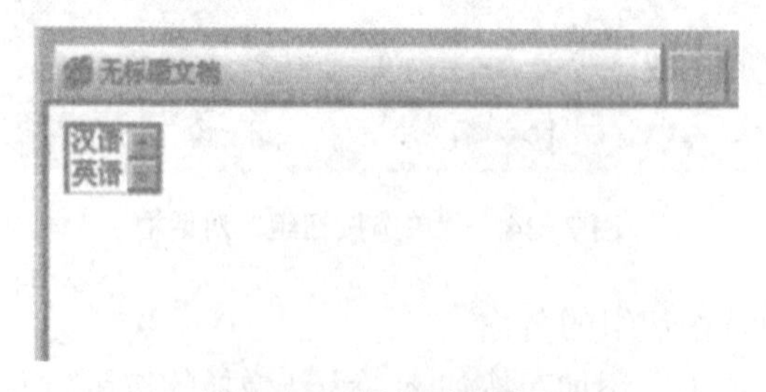

图 7–37　插入列表效果

（六）菜单

（1）右击站点文件夹，新建网页文件；单击“表单”工具栏中的“表单”按钮，插

入表单域。

（2）光标在表单域内定位，单击“表单”工具栏中的“列表 / 菜单”按钮，在光标的位置插入列表 / 菜单。

（3）选中列表 / 菜单，在“属性”面板中设置菜单的属性，如图 7–38 所示。

图 7–38　菜单“属性”面板

当选择“菜单”类型时，可以看到“属性”面板中的“高度”与“选定范围”变成灰色，这是因为菜单的高度为 1，只可以选择一项。

（4）单击“列表值”按钮，弹开“列表值”对话框，和上例列表的设置一样。

（5）设置完列表值后，效果如图 7–39 所示。按 F12 键，预览网页效果。

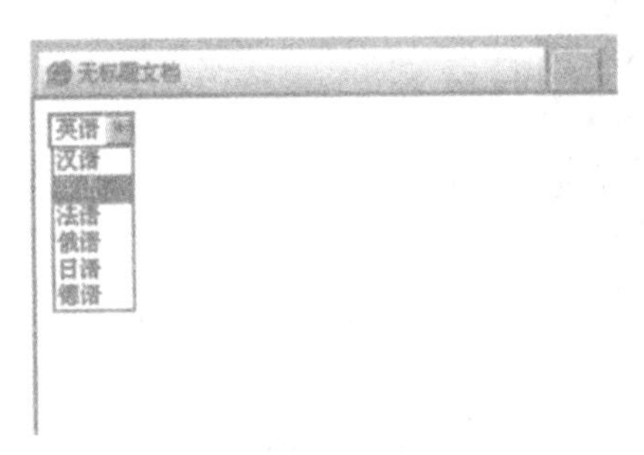

图 7–39　插入菜单后效果

（七）插入文件域

文件域主要用于从磁盘上传文件的路径名称，在服务器上传文件时使用，如上传邮件、照片、程序等。

（1）右击站点文件夹，新建网页文件；单击“表单”工具栏中的“表单”按钮，插入表单域。

（2）光标在表单域内定位，单击“表单”工具栏中的“文件域”按钮，在光标的位置插入文件域。

（3）选中文件域，其“属性”面板如图 7–40 所示。

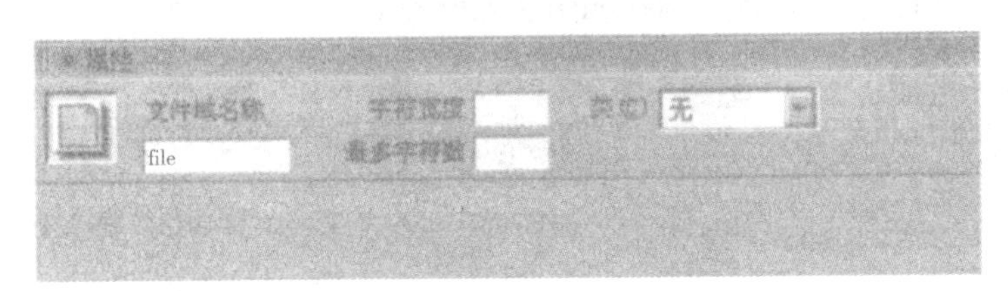

图 7–40　文件域“属性”面板

①文件域名称：设置文件域控件的名称。

②字符宽度：设置在文件域的文本框中所允许显示的字符个数。

③最多字符数：设置在文件域的文本框中所允许输入的最大字符个数。

④按 F12 键，预览网页效果。如图 7-41 所示，单击“浏览”按钮，可以在弹出的“选择文件”对话框中选择上传的照片。

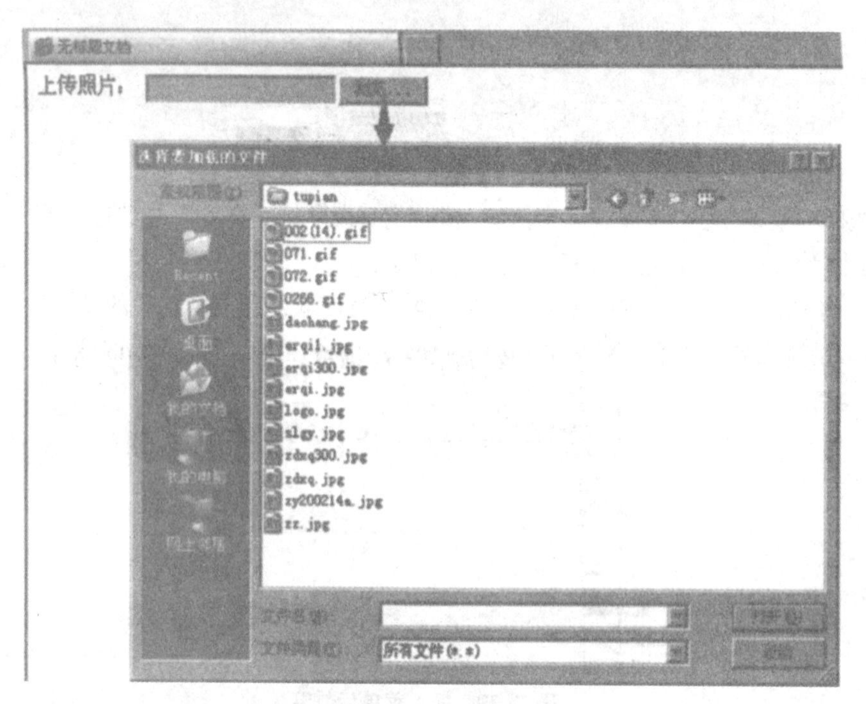

图 7-41　插入文件域效果

（八）插入按钮

按钮□常用作命令执行。在 Dreamweaver 网页中常见的按钮为“提交”按钮和“重置”按钮。一般网页上的表单数据都是通过按钮提交给服务器的。

（1）右击站点文件夹，新建网页文件；单击“表单”工具栏中的“表单”按钮，插入表单域。

（2）光标在表单域内定位，单击“表单”工具栏中的“按钮”按钮，在光标的位置插入按钮。

（3）选中按钮，其“属性”面板如图 7-42 所示。

图 7-42　按钮“属性”面板

①按钮名称：给按钮命名。

②值：设置按钮在网页窗口中显示的文本。

③动作：设置按钮的类型。

④提交表单：单击该按钮，可以将表单中所有的表单控件重点内容发往服务器。

⑤重设表单：单击该按钮，可以将表单域中所有表单控件的内容重设。

⑥无：可以将按钮同脚本程序相关联，单击该按钮时可以执行相应的脚本程序。

（九）插入图像域

图像域实质上就是一个按钮，使用图像域可以达到美化网页的目的。

（1）右击站点文件夹，新建网页文件；单击“表单”工具栏中的“表单”按钮，插入表单域。

（2）光标在表单域内定位，单击“表单”工具栏中的“图像域”按钮，弹出“选择图像源文件”对话框，选择图像源文件，单击“确定”按钮；在光标的位置插入图像域。

（3）选中图像域，其“属性”面板如图 7–43 所示。

图 7–43　图像域属性面板

①图像区域：设置图像域的名称。

②源文件：设置显示该按钮使用图像的地址。

③替换：设置图像域的替代文件。

④对齐：设置图像域的对齐方式，包括六种对齐方式。

（十）插入隐藏域

隐藏域主要用于存储并提交用户输入的信息，它不会在浏览器中显示。只有在配置了动态网站后，按 F12 键可以预览网页，那么可以看到这两个隐藏域是不可见的。

（1）右击站点文件夹，新建网页文件；单击“表单”工具栏中的“表单”按钮，插入表单域。

（2）光标在表单域内定位，单击“表单”工具栏中的“隐藏域”按钮，在光标的位置插入隐藏域。

（3）选中隐藏域，其“属性”面板如图 7–44 所示。

①隐藏区域：该文本框用于设置隐藏域的名称。

②值：该文本框用于设置隐藏域的值，该值将在提交表单时传递给服务器。

图 7–44　隐藏域“属性”面板

（十一）插入跳转菜单

跳转菜单是一个下拉菜单，其中每个选项都具有超链接的性质，但是它比超链接要节省很多空间。

（1）右击站点文件夹，新建网页文件；单击“表单”工具栏中的“表单”按钮，插入表单域。

（2）光标在表单域内定位，单击“表单”工具栏中的“跳转菜单”按钮，弹出“插入跳转菜单”对话框，如图 7–45 所示。

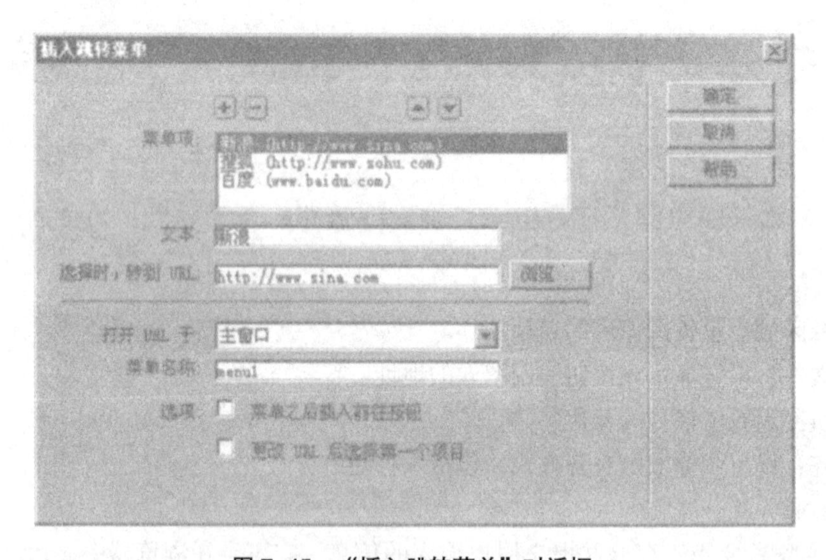

图 7–45　“插入跳转菜单”对话框

①菜单项：列出跳转菜单的所有菜单项。单击按钮，可以增加一个菜单项，单击按钮，可以从列表框中删除被选中的菜单项；单击按钮或按钮，可以对这些菜单项进行上移或下移操作。

②文本：设置当前菜单项显示的文本。

③选择时，转到 URL：设置当前菜单项所对应的超链接地址。

④打开 URL 于：设置超链接的打开方式。

⑤菜单名称：设置跳转菜单的名称。

⑥选项：包括以下两个复选框。

菜单之后插入前往按钮：选择此项则在插入的跳转菜单后同时添加一个“前往”按钮。

更改 URL 后选择第一个项目：决定在菜单中选择的菜单项发生改变后，是否自动选定第一个菜单项。

（3）按 F12 键预览网页，效果如图 7-46 所示。单击菜单项，可以通过超链接到达所指定的网页。

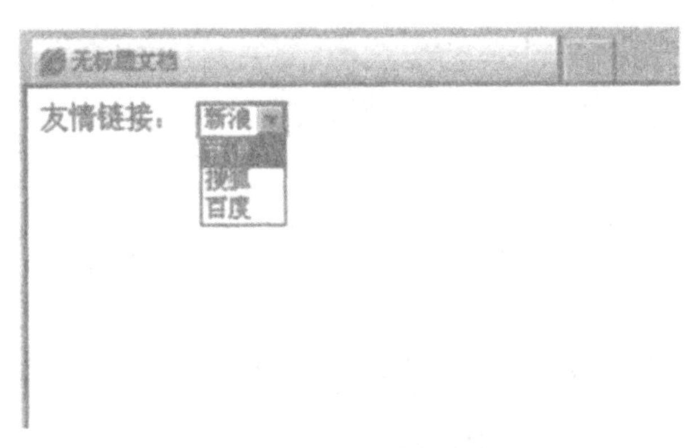

图 7-46　插入跳转菜单效果

四、与提交表单相关的服务器端脚本处理知识

表单有两个重要的组成部分：一是由 Dreamweaver 生成的表单的 HTML 页面，二是用于处理表单域中输入的信息的服务器端应用程序或客户端脚本。

用户在网页上看到有关表单的页面，只是供用户输入信息的表单页面。当用户按要求在表单中填写有关信息，单击表单的“提交”（submit）按钮之后，表单内容就会上传到服务器，并且由事先编好的服务器端程序来处理这些信息，最后服务器再将处理结果发送给用户。由此可见，表单的应用必须依赖于服务器端的脚本才能真正发挥其功能。

网页通常是使用表单来实现用户数据提交的，Form 集合和 QueryString 集合可以用来获取用户提交的表单数据。使用表单提交数据的方式有 GET 和 POST 两种：若用 GET 方式提交表单数据，用户要提交的数据信息将附加在 URL 的后面，作为查询字符串返回服务器端，此时要用 QueryString 数据集合来获取提交的数据信息；若用 POST 方式提交表单数据，表单数据将以放在 HTTP 标头的方式返回服务器端，此时要用 Form 集合获取提交的数据信息。

（一）Form 集合

用 Form 集合获取用户以 POST 方式提交的表单数据，其语法如下：

```
Request.Fom（“表单元素名称”）
```

下面我们来看一个利用 Form 集合获取用户以 POST 方式提交的表单数据的例子。

（1）新建两个 .asp 格式的文件：一个用于提供表单让用户输入数据或进行选择的网页“tja.asp”，另一个用于获取表单提交的数据的表单处理文件“tjb.asp”。

（2）在“tja.asp”文件中插入表单域 forml，属性如图 7-47 所示，提交方法设置为大写；动作设置为网页“tjb.asp”（“tja.asp”中的表单提交后由“tjb.asp”处理）。

图 7-47　表单属性

（3）在“tja.asp”中插入两个文本字段和一个按钮，并分别设置两个文本字段的名称分别为“您的姓名：”和“您的 E-mail：”，效果如图 7-48 所示。

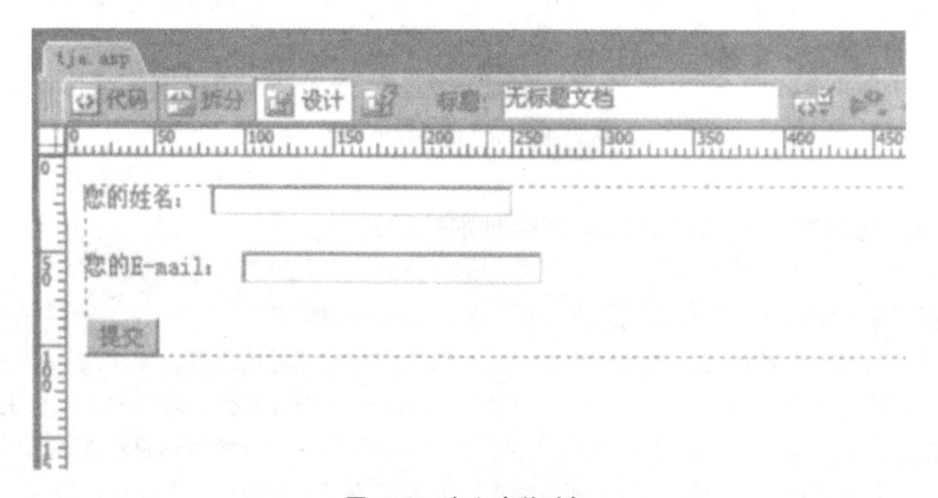

图 7-48　加入表单对象

（4）打开“tjb.asp”的代码视图，加入处理数据的代码，具体如下：

```
<html>
<body>
<center>
<b><% =request.Form（ “Name” ）% ></b> 欢迎您
<p> 您的 E-mail 是：<% =request.form（ “Mail” ）% >
</center>
```

```
</body>
</html>
```

（5）保存，预览效果如图 7-49 所示。

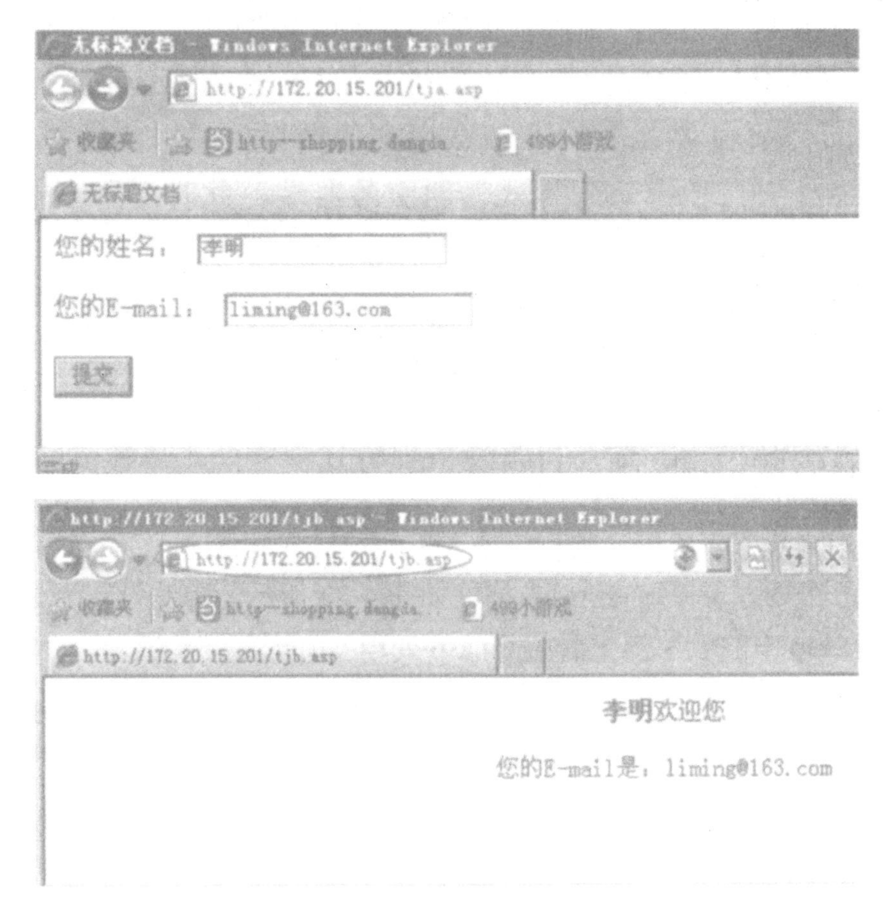

图 7-49　用 Form 集合获取用户以 POST 方式提交的表单数据运行效果

（二）QueryString 集合

用 QueryString 集合获取用户以 GET 方式提交的表单数据，其语法如下：

```
Request.QueryString（“表单元素名称”）
```

我们把上面的例子用 QueryString 集合获取用户以 GET 方式提交的表单数据。

（1）打开前面例子中的两个文件“tja.asp”和“tjb.asp”。

（2）修改“tja.asp”文件中的 form1 属性，提交方法改为 GET，其他设置不变，如图 7-50 所示。

（3）打开“tjb.asp”文件的代码视图，把原来的代码删除，换成下面的代码：

```
<html>
<body>
<center>
<b><% =request.QueryString ( "Name" ) % ></b> 欢迎您
<p> 您的 E-mail 是：<% =request.QueryString ( "Mail" ) % >
</center>
</body>
</html>
```

图 7-50　表单“属性”面板

（4）保存，预览效果如图 7-51 所示。

无标题文档 - Windows Internet Explorer
http://172.20.15.201/tja.asp
无标题文档
您的姓名：李明
您的E-mail：liming@163.com
提交

李明欢迎您
您的E-mail是：liming@163.com

图 7-51　用 QueryString 集合获取用户以 GET 方式提交的表单数据运行效果

通过观察图 7-49 和图 7-51 中“tjb.asp”的运行效果可以看出，当使用 QueryString 集合获取用户以 GET 方式提交的表单数据时，要注意以下两点：

（1）如果附加在 URL 后的数据信息太长（超过 256 个字符），会导致后面的信息因为长度不够而丢失，所以不能传递较长的信息。

（2）提交的信息会在浏览器的地址栏中显示，不利于内容的安全和保密。

知识回顾

本章介绍创建各种超链接的方法，如站点内部链接、站点外部链接、锚记链接、电子邮件链接等。通过对本章的学习，学生可以通过超链接将分散的网站或网页联系起来，构成一个有机的整体。另外，本章还介绍了如何在页面中插入表单和表单对象、各表单对象的属性设置以及如何用服务器脚本进行简单的表单提交处理。

课后练习

1. 超链接的路径有哪几种?

2. 超链接的目标有哪几种? 分别用在什么情况下?

3. 锚记链接和一般的超链接有什么不同?

4. 一个表单域中常用哪些对象? 各有什么用途?

5. 文本域分为哪几类? 各在什么情况下使用?

6. 如何创建并设置一组单选按钮? 举例说明。

7. 内部链接和外部链接的区别是什么?

8. 请用表单域和表单控件制作一个会员注册的网页，并使用超链接把该网页链接到首页上。

输出 Web 设计方案

【知识目标】

1. 掌握切片的分类、处理、创建方法，选择用户切片的方法，修改用户切片位置和尺寸的方法，了解编辑切片选项的方法。

2. 掌握优化输出效果的方法。

【技能目标】

1. 能够对图像切片进行各种操作，如创建、选择、修改等。

2. 能够优化图像的输出效果。

【知识导图】

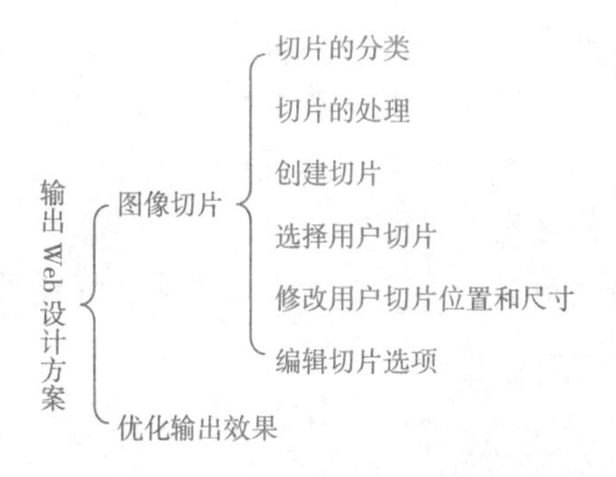

第一节　图像切片

Photoshop 在网页界面设计中主要承担设计方案的原型绘制以及界面效果设计功能，最终形成一个完整的网页界面设计方案。

通常情况下，由 Photoshop 制作的设计方案以 Photoshop 特有的 PSD 格式存储。如果用户需要将其应用到网页中，就必须使用 Photoshop 的输出设计方案功能，将其存储为 Web 所用格式。

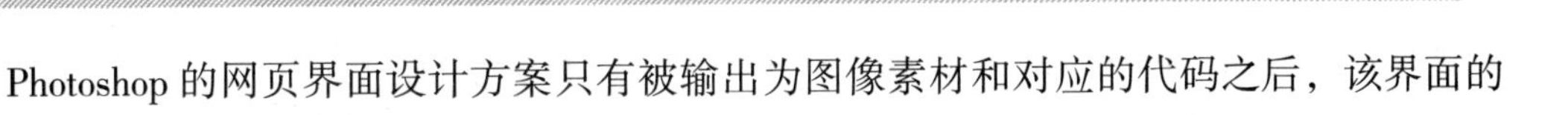

Photoshop 的网页界面设计方案只有被输出为图像素材和对应的代码之后，该界面的设计方案才能被应用到网页开发中。

图像切片是一种应用于网页界面设计的特殊技术，其原理是根据用户定义的尺寸将整个网页设计方案裁切为矩形块，分别将矩形块所覆盖的区域输出为独立的图像。

切片技术的出现极大地提高了网页界面设计与输出资源的效率，使得界面设计师可以更方便地将网页界面效果图中的图像输出为网页程序中所使用的素材。应用了切片技术的 Photoshop 软件也在之后的数年中逐步取代了 Fireworks 软件，成为网页界面设计重要的设计工具。

一、切片的分类

Photoshop 的切片根据其作用和生成的机理，可以为三种形式，即默认切片、用户切片和图层切片等。

（一）默认切片

默认切片是指由 Photoshop 根据当前设计方案的切片位置自动创建的切片。默认切片在默认情况下不会被裁切并输出到 Web 文档中，在 Photoshop 中其边框和标签被显示为灰色。

默认切片在 Photoshop 中被显示为默认切片标记（灰色的一般切片标记），其固定存在于指定位置，被用作其他类型切片的分隔区域。默认切片不能被修改尺寸，也不能被修改位置，但可以被方便地转换为用户切片。

（二）用户切片

用户切片是指用户手工绘制或从默认切片中手工提取而成的切片。用户切片可被输出到 Web 文档中，在 Photoshop 中其边框和标签被显示为蓝色。

用户切片在 Photoshop 中被显示为用户切片标记（蓝色的一般切片标记）。用户切片是自由度最大的切片。用户可以通过可视化的操作方式来拖拽修改用户切片的尺寸和位置。

（三）图层切片

图层切片是由图层创建的切片，其显示效果与用户切片类似，都允许被选择，但是不允许被直接修改尺寸和位置。在实际输出中，图层切片和用户切片都可以被输出为网页代码，也能够将设计方案中指定区域的内容作为资源输出。

图层切片在 Photoshop 中被显示为图层切片标记（蓝色的图层切片标记），与上述两种切片存在很大区别，即图层切片本身与图层呈现一种绑定关系。在默认状态下，Photoshop 不允许用户直接修改图层切片的位置与尺寸，只有当图层的尺寸或位置发生更改时，该图层对应的图层切片才会随之更改。

二、切片的处理

通常情况下，Photoshop 会为整个文档定义一个默认切片。当用户创建局部的用户切片或图层切片后，Photoshop 会自动根据该用户切片的尺寸和位置，在生成用户切片的同时将文档其他位置裁切为多个局部默认切片，填充用户切片周围的缝隙。

随着用户创建的局部用户切片越来越多，Photoshop 自动创建的默认切片也会逐渐增多，直至用户切片之间所有空白区域都被用户创建为用户切片。

Photoshop 软件提供了两种工具来处理图像切片，即“切片工具”和“切片选择工具”。

三、创建切片

Photoshop 会自动根据用户切片和图层切片的矩形尺寸和位置生成默认切片，填充用户切片以及图层切片之外的其他剩余位置空间。通常情况下 Photoshop 提供两种方式来创建用户切片，即绘制用户切片以及将默认切片提升为用户切片。另外，Photoshop 还提供了直接根据图层创建图层切片的方法。

（一）绘制用户切片

手工绘制用户切片需要使用 Photoshop 的“切片工具”。单击“工具箱”中的“裁剪工具”，在弹出的菜单中选择“切片工具”，即可在工作区中拖拽鼠标，绘制图像切片，如图 8-1 所示。

图 8-1　创建和绘制切片

Photoshop 会按照自左向右、从上到下的顺序依次为所有默认切片和用户切片编排一个序列号。在用户创建新的用户切片时，Photoshop 会自动更新这一序列号，为所有切片不断地更新最新的排序。

（二）提升到用户切片

Photoshop 允许用户通过“提升到用户切片”命令将默认切片转换为用户切片，以便更加快速而准确地创建用户切片。“提升到用户切片”命令是手工绘制切片的有效补充。

在使用这一功能时，需要先在“工具箱”中启用“切片工具”或“切片选择工具”，在激活其中任意一种工具的状态下，将鼠标置于默认切片上，右击执行“提升到用户切片”命令，如图 8–2 所示。

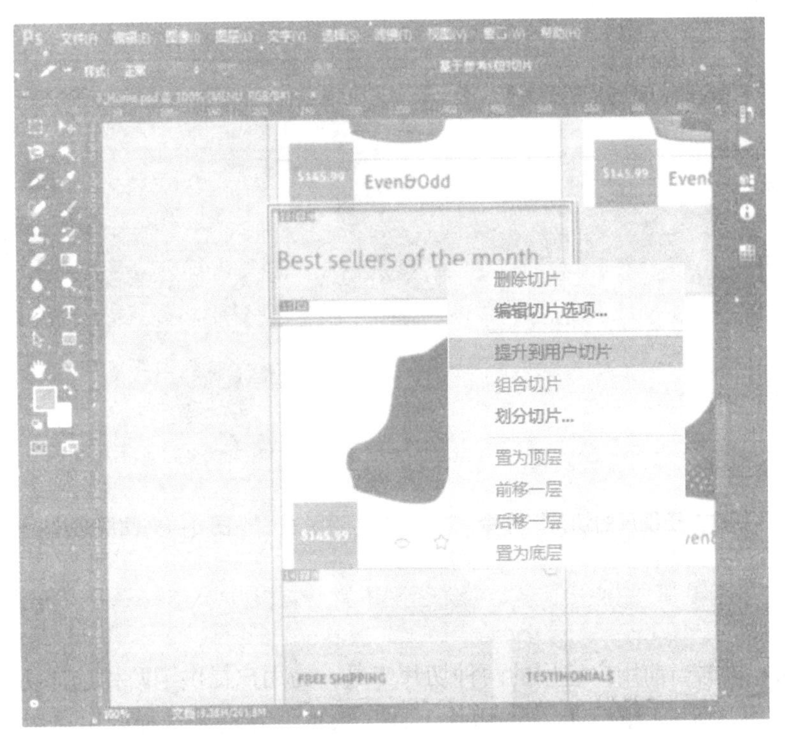

图 8–2　执行“提升到用户切片”命令

相比手工绘制用户切片，“提升到用户切片”命令能够更加精确地生成用户切片，在实际的切片创建操作中，通常需要将这两种方式结合使用，以便更加高效地实现切片功能。

（三）创建图层切片

图层切片与图层有一层紧密的绑定关系，因此只能通过图层来创建，在创建图层切片之前，首先应确定图层中必须包含有效的显示内容（空图层是无法创建图层切片的）。Photoshop 会根据图层中的显示内容所处的区域创建对应的矩形图层切片。

创建图层切片，首先应在“图层”面板中选择指定的图层，然后执行“图层”｜“新建基于图层的切片”命令，创建基于该图层的切片，如图 8-3 所示。

然后，Photoshop 就会自动创建一个与该图层尺寸和位置完全相同的图层切片，效果如图 8-4 所示。

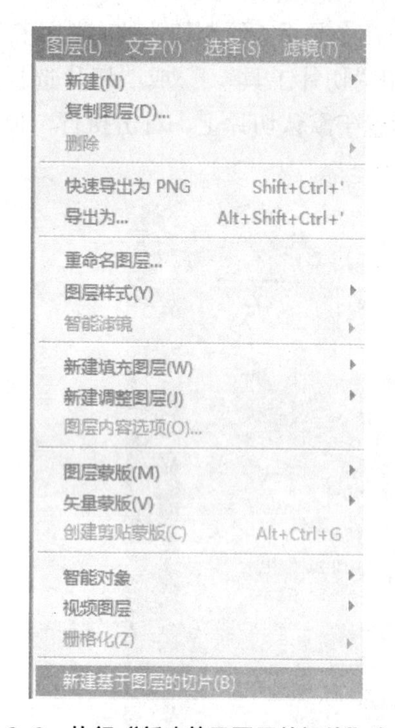

图 8-3 执行“新建基于图层的切片”命令

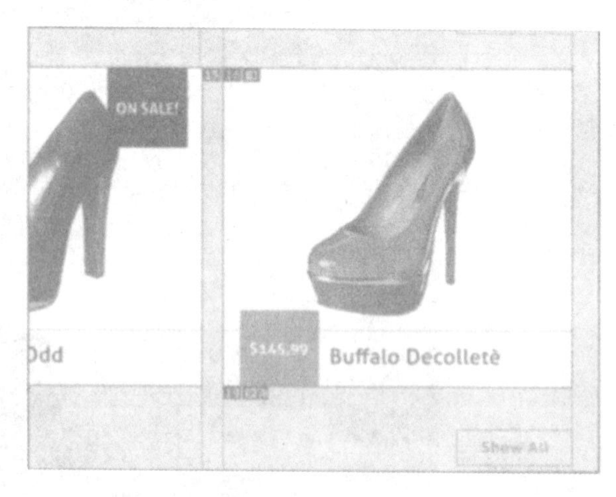

图 8-4 图层切片

四、选择用户切片

Photoshop 根据当前用户启用的两种切片工具，为用户提供了两种选择切片的方式。

（1）当用户所选择的工具为“切片工具”时，在需要选择的用户切片上方右击，即可选择该用户切片。

（2）如果用户已经选择了“切片选择工具”，则直接在用户切片上方单击，即可选中该用户切片。

五、修改用户切片位置和尺寸

Photoshop 将用户切片视为与选区类似的可编辑区域，为用户提供可视化的修改用户切片尺寸与位置的方法。

用户使用“切片选择工具”将用户切片置于选择状态，然后对用户切片进行以下修改操作。

（一）移动用户切片位置

选择用户切片之后，用户将光标移到用户切片上，然后单击，直接对用户切片进行拖拽操作，用户切片会根据光标移动的方向和距离改变当前的位置，如图 8–5 所示。

图 8–5　移动用户切片位置

（二）修改用户切片尺寸

用户切片本身自带了八种位置调节柄，用户选择用户切片后，直接拖拽其切片边框上八个正方形的调节柄，即可修改用户切片在各个方向上的延伸尺寸或收缩尺寸，如图 8–6 所示。

图 8–6　修改用户切片尺寸

六、编辑切片选项

在 Photoshop 中，用户可以将用户切片输出为实际的 XHTML 和 CSS 代码。Photoshop 提供了切片选项功能，允许用户直接修改切片的属性，以影响输出的代码内容。选择用户

切片，右击执行“编辑切片选项”命令，弹出“切片选项”对话框。用户可以在“切片选项”对话框中对用户切片的属性进行修改，如图 8-7 所示。

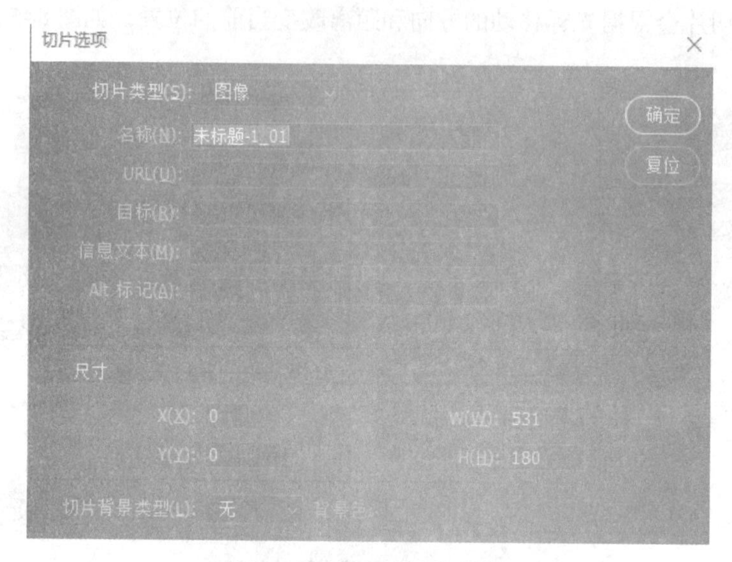

图 8-7 “切片选项”对话框

默认情况下，“切片选项”为“图像”类型的切片状态，如果用户将“切片类型”修改为“无图像”，则该对话框将被更新，如图 8-8 所示。

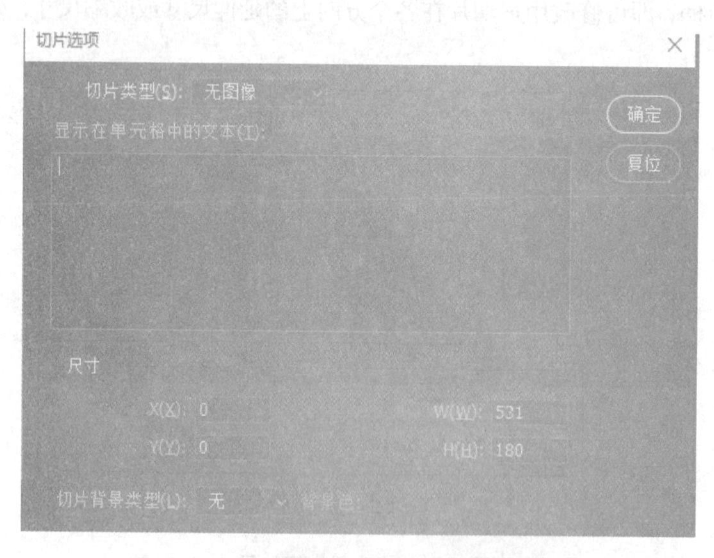

图 8-8 “无图像”的“切片选项”对话框

在“切片选项”对话框中，主要包含三方面的设置内容，即切片的 Web 属性、切片的尺寸和位置以及切片的背景类型。

需要注意的是，如果用户选择了默认切片后修改“切片选项”对话框中的尺寸设置，则 Photoshop 会自动将这些设置应用到一个新建的用户切片上。另外，图层切片的尺寸设置无法被用户修改。

第二节　优化输出效果

当输出 Web 设计方案时，用户除了需要绘制切片以外，还需要对输出的图像素材效果进行配置，使之在满足网页界面效果需求的情况下尽量压缩图像尺寸，以提高图像资源传输的效率。

在 Photoshop 中，用户打开网页界面设计方案后，执行“文件”｜“存储为 Web 所用格式”命令，如图 8-9 所示，弹出“存储为 Web 所用格式”对话框。

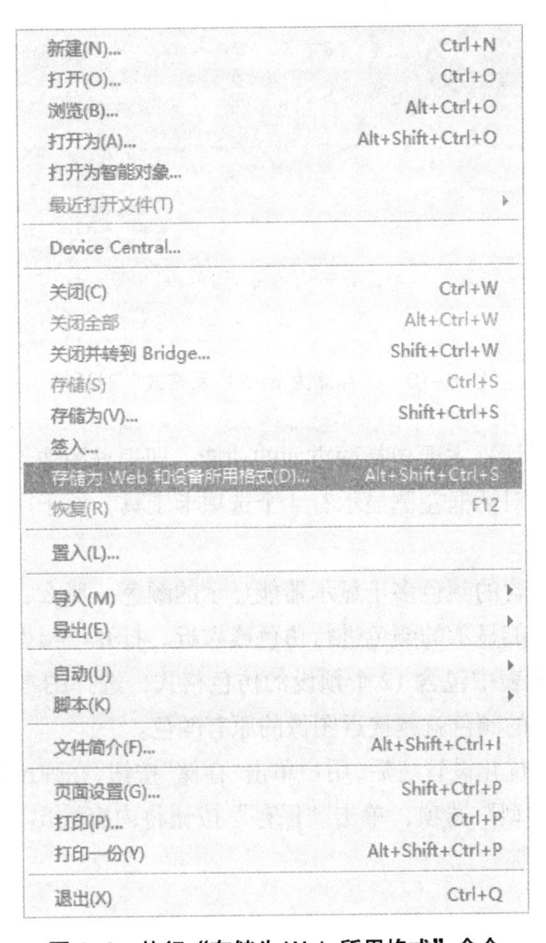

图 8-9　执行“存储为 Web 所用格式”命令

用户可在“存储为 Web 所用格式”对话框中查看当前打开的设计方案，如图 8-10 所示。

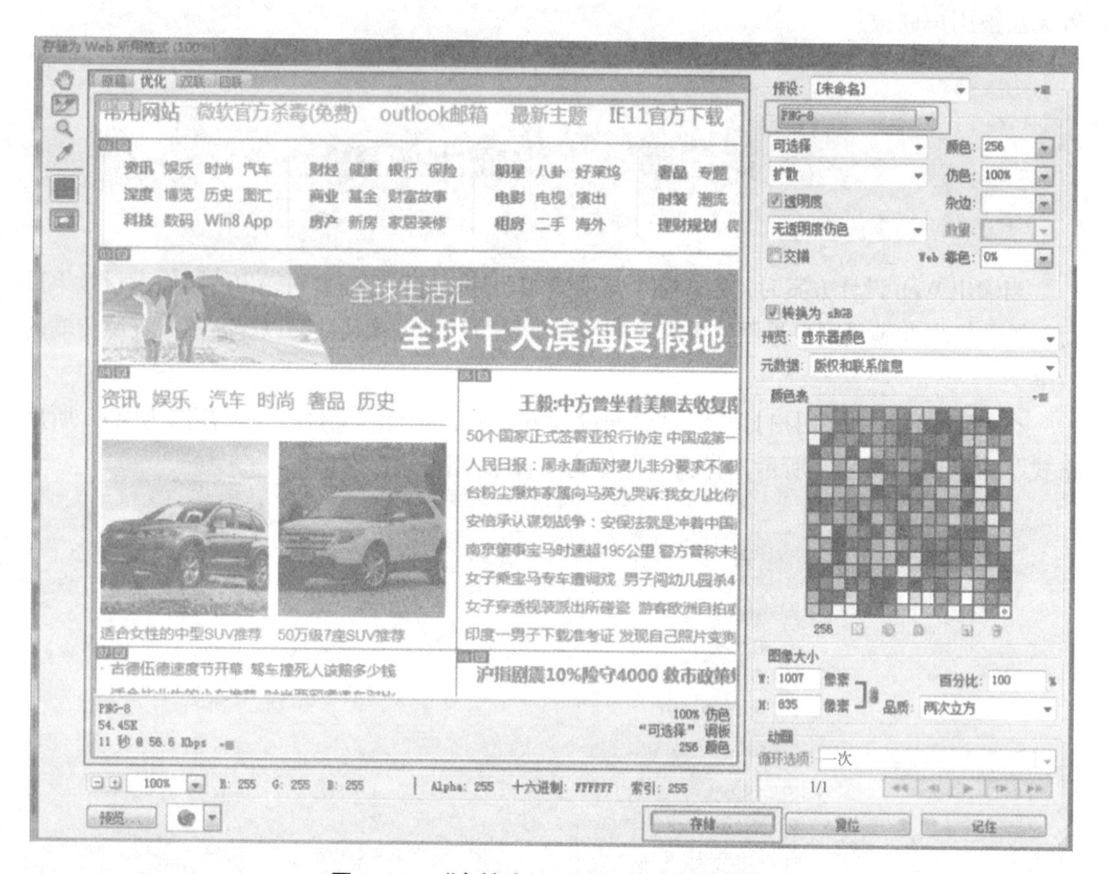

图 8-10　“存储为 web 所用格式”对话框

“存储为 Web”对话框主要包括两方面的功能，即根据图像切片裁切输出网页和优化图像的输出效果。在该对话框左侧显示有 4 个选项卡工具，便于用户以不同方式来浏览当前的设计方案。

通常，如果图像包含的颜色多于显示器能显示的颜色，那么，浏览器将会通过混合它能显示的颜色来对它不能显示的颜色进行仿色或靠近。打开“预设”下拉列表，选择“仿色”选项，在该下拉列表中包含 12 个预设的仿色格式，选择的参数值越高，优化后的图像质量就越高，能显示的颜色就越接近图像的原有颜色。

在完成输出效果的优化设置之后，用户单击“存储”按钮，在弹出的“将优化结果存储为”对话框中设置“保存类型”选项，单击“保存”按钮将内容输出为 Web 文档，如图 8-11 所示。

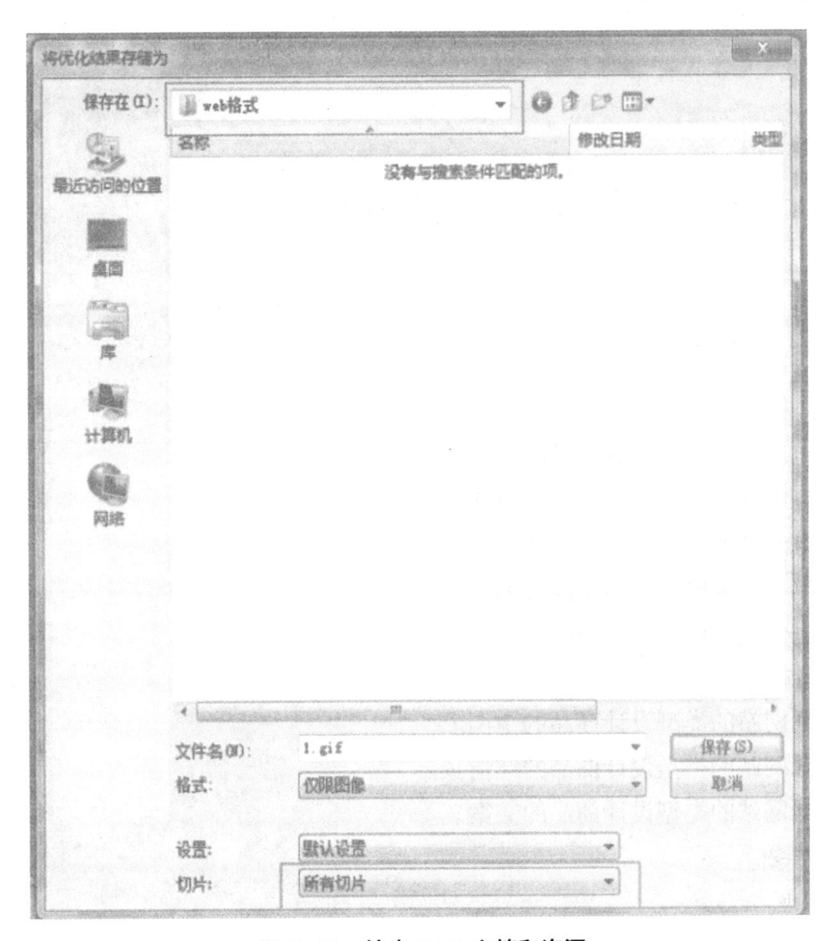

图 8–11　输出 Web 文档和资源

知识回顾

本章主要介绍切片的分类、处理、创建，选择用户切片，修改用户切片位置和尺寸，编辑切片选项，以及优化输出效果等内容。

课后练习

1. 切片有哪些类型？
2. 在设计输出界面方案时都有哪些注意事项？
3. 如何绘制用户切片？
4. 如何编辑切片选项？
5. 如何优化输出结果？

第九章 电子商务网站的制作

【知识目标】

1. 了解电子商务网站的特点及功能。
2. 掌握电子商务网站功能设计的方法。
3. 掌握电子商务网站主图设计的方法。
4. 掌握电子商务网站详情页设计的方法。
5. 掌握电子商务网站文案设计的方法。

【技能目标】

1. 能根据网站的类型设计商品的主图。
2. 能根据网站的类型设计商品的详情页。
3. 能根据网站的类型设计商品的文案。

【知识导图】

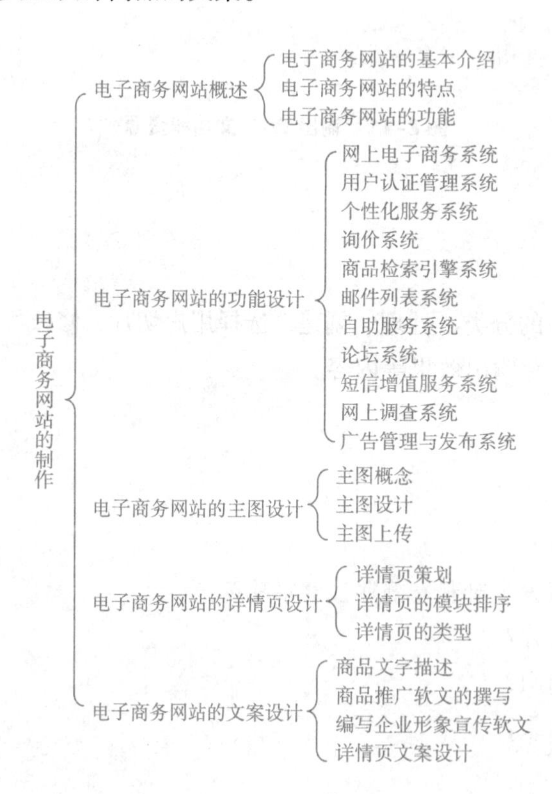

第一节　电子商务网站概述

一、电子商务网站的基本介绍

电子商务网站是一个为企业或个人提供网上交易的平台。电子商务网站建设的最终目的是发展业务和应用。一方面，网上商家以一种无序的方式发展，造成重复建设和资源浪费；另一方面，商家业务发展比较低级，很多业务仅以浏览为主，需通过网外的方式完成资金流和物流操作，不能充分利用互联网无时空限制的优势，因此有必要建立一个业务发展框架系统，规范网上业务的开展，提供完善的网络资源、安全保障、安全的网上支付和有效的管理机制，有效地实现资源共享，实现真正的电子商务。

企业电子商务网站的建设，可以建立起电子商务服务的门户网站，是现实社会到网络社会的真正体现，为广大网上商家以及网络客户提供一个符合中国国情的电子商务网上生存环境和商业运作空间。

企业电子商务网站的建设，不仅是初级网上购物的实现，而且能够有效地在互联网上构建安全的和易于扩展的业务框架体系，实现 B2B、B2C、C2C、O2O、B2M、M2C、B2A（B2G）、C2A（C2G）ABC 等模式应用环境，推动电子商务在中国的发展。

电子商务网站通过互联网展示、宣传或者销售自身商品越来越趋于平常化。

电子商务网站扩展的另外一种途径——互联网营销，让用户多了一种途径来了解、认知及购买商家的商品。

电子商务网站可以帮助中小企业甚至个人自主创业，独立营销一个互联网商城，达到快速盈利的目的，而且只需要很低的成本就可以实现这一愿望。

电子商务网站可以帮助同行业中已经拥有电子商务网站的用户，为他们提供更专业的电子商务网站解决方案。发展电子商务，不是一两家公司就能够推动的产业，需要更多专业人士共同参与和奋斗，共同发展。

二、电子商务网站的特点

（一）优点

（1）容纳空间大，同时为多个顾客服务。电子商务网站允许千人同时进店选购商品。这方面的约束与网站服务器承载力有关。顾客选购到中意的商品可直接与客服交流。顾客选购的商品不同，但一个客服可同时面对多个顾客，进行商品问题解答，有效地节约了成本。这一优势大大领先于传统店铺。在十年前人们都是进入传统店铺选购商品。店铺的售货员数量有限，无法以一对五为顾客提供有效的服务。被服务的顾客，问题得以解答；但其他挑选商品存在问题的顾客可能会被冷落。根据市场消费需求调查，这类挑选商品有问

题的顾客80%以上会转到其他店铺选购商品。这对于店铺经营来说，是一种严重的顾客流失。

（2）在线浏览商品。互联网的兴起开阔了人们的视野，最明显的一点是，人与人之间的距离缩短了。而网店也具备这一优势：顾客在北京，商家在三亚，如何查看商品呢？顾客不仅可以直接在电子商务网站上查看，还可以与客服在线交流。而这一点是在传统店铺无法实现的。

（3）从支付的角度来讲，省了很多麻烦。电子商务网站大部分都具有在线支付功能，避免了现金找零的麻烦，提高了交易的效率，卖家可以为顾客提供更多的服务。而在传统店铺，商品的销售价格为整数的比较少，这就会产生付款时间性问题，而且很有可能需要排队付款，等待时间较长的顾客在这一过程中有可能产生烦躁感，直接放弃购物，再次导致顾客流失。

（4）在线订购，上门服务。在线完成订单交易是电子商务网站的又一大服务亮点。顾客选好商品完成下单后，填写联系地址，单击“在线付款”按钮完成付款后，即可坐等收货。但对于传统店铺来说，足不出户进行网上购物这简直是天方夜谭。通常，顾客到传统店铺购物的流程是，顾客需要花费时间到店铺—选购商品—交流商品问题—付款—返回家中。相对这一购物流程，在电子商务网站购物则省去了前后两个过程。

（5）电子商务网站在购买商品的条件上具有一定的领先性。例如，遇到下雨天，传统的购物方式，顾客可能会选择放弃购物，或者体验一次雨中购物。但这对于从电子商务网站上购物来说都不是问题，顾客简单地动一动手指，就能挑选到自己喜欢的商品。

电子商务网站是时代发展的产物，迎合了人们的消费需求。而这一趋势，也正在不断的升级，从PC端演变到移动端，更加便利。对于顾客来说，只要手机的信号稳定，不拖欠话费，顾客就能够随时随地选购商品；对于商家来说，这更是一种互利性的体现。

（二）缺点

1. 互联网有其自身的局限性

互联网有其自身的局限性，例如，在将三维物体还原成许多平面图像的过程中，物体本身的一些基本信息会丢失；对计算机的输入只是人工选择的商品信息的一部分，人们无法从互联网上获得商品的所有信息，尤其是商品最生动的视觉效果；一旦电子商务网站崩溃顾客就无法从网店上买任何东西。

2. 搜索功能并不完善

选择网上购物时，顾客面临的一个问题是如何在众多的网站中找到自己想要的商品，并以最低的价格买到。搜索引擎看起来很简单（用户输入一个查询关键词，搜索引擎就按照关键词进行搜索查找，并返回最合适的Web页链接），但是，当顾客选择网上购物时，不得不一个网站一个网站搜寻下去，直到找到满意价格的商品。

3. 电子商务网站的安全问题

电子商务网站的安全问题仍然是影响电子商务发展的主要因素。由于互联网的迅速发展,电子商务网站引起了人们广泛的注意,被公认为未来IT业最有潜力的新的增长点。然而,在开放的网站上进行交易，如何保证传输数据的安全成为电子商务网站能否普及的重要的因素之一。

一些调查公司曾对电子商务网站的应用前景进行过在线调查，当被询问为什么不愿意在线购物时，绝大多数人的问题是担心遭到黑客的侵袭而导致个人信息丢失。因此，有一部分人或企业因担心互联网上的安全问题而不愿使用电子商务网站，而安全问题也成为电子商务网站发展中最大的障碍。

电子商务网站的安全问题其实也是人与人之间的诚信问题，与现实商业贸易相同，均需双方的共同协作和努力。电子商务网站的未来需要所有网民的共同协作。

4. 电子商务网站的管理还不够规范

电子商务网站的多姿多彩给世界带来了全新的商务规则和方式，这更加要求在管理上做到规范。这里的管理应该涵盖商务管理、技术管理、服务管理等方面。因此，电子商务网站要同时在这些方面达到一个比较令人满意的要求，不是一时半会可以做到的。另外，电子商务网站的前后端一致也非常重要。电子商务网站前端的Web平台直接面向顾客，是电子商务网站的门面；而电子商务网站后端的内部经营管理体系则是完成电子商务的必备条件，它关系到前端所承接的业务最终能不能得到很好的实现。一个完善的后端系统更能体现一家电子商务企业的综合实力，因为它将最终决定能为顾客提供什么样的服务，决定了电子商务网站的管理是否有效，决定电子商务公司最终能不能实现盈利。

5. 电子合同的法律问题

在通过电子商务网站购物的过程中，传统商务交易中所采取的书面合同已经不适用了，进而采用电子合同。一方面，电子合同存在容易编造、难以证明其真实性和有效性的问题；另一方面，现有的法律法规尚未对电子合同的数字化印章和签名的法律效力进行规范。

6. 电子证据的认定

信息网络中的信息具有不稳定性和易变性，这就造成了在通过电子商务网站进行购物的过程中发生侵权行为时，锁定侵权证据或者获取侵权证据难度极大，给解决侵权纠纷带来了较大的障碍。因此，保证在互联网环境下信息的稳定性、真实性和有效性，是有效解决在通过电子商务网站购物时侵权纠纷的重要措施。

7. 其他细节问题

其他一些不规范的细节问题，如电子商务网站服务的地域差异大；在线购物发票问题较多；电子商务网店对订单回应速度参差不齐。

三、电子商务网站的功能

电子商务可提供网上交易和管理等全过程的服务，具有广告宣传、在线展会、虚拟展会、咨询洽谈、网上订购、网上支付、电子账户、服务传递、意见征询、交易管理等功能。

第二节　电子商务网站的功能设计

近年来，随着企业电子商务大潮的到来，出现了越来越多的商电子务网站。然而，在众多的电子商务网站中，网站形式却仅限于展示和介绍企业和商品，而忽视了网站是用于开展企业电子营销的信息化平台这一真正用途。一个设计成功的网站，除了应该在视觉上给消费者以享受外，更重要的是应该注重网站的功能性和服务性。如果一个现代企业的网站在版式与功能设计上都非常到位，将会对企业自身的宣传和市场经营产生巨大的推动作用。下面详细给出了一个成功的电子商务网站所应该具有的功能模块和设计思想，希望会给初涉电子商务的企业以启示。

不同行业的企业，其电子商务网站在形式和内容上也会不尽相同。但其主要的功能和服务模块却万变不离其宗。各企业根据自己的实际情况，对下面给出的电子商务网站各子系统进行有选择的增删，就会达到使企业的网站被消费者接受并长期使用，从而有效地实施企业网络营销策略的目的。

一、网上电子商务系统

电子商务网站最主要的功能就是在网上开展电子营销。网上电子商务系统是整个网站的核心模块，也是大多数电子商务网站中技术最成熟的模块。在这里我们只对它做一简单介绍：电子商务网站的典型模式就是网上超市，可以是企业对个人（B2C）的，也可以是企业对企业（B2B）的。其中，商品目录（也称电子目录）模块是网上超市的基础，而促销引擎、认证管理、信用管理、支付和结算、订单处理、配送处理等模块则是完整的电子商务网站所必需的功能。

二、用户认证管理系统

电子商务网站一个很重要的功能是对用户的管理。主要是通过对用户提交的注册信息的分析，对不同业务系统的用户登录进行统一认证，包括用户密码、身份及权限的认证，并根据系统的配置，在认证成功后跳转到相应的系统中。系统对用户的权限认证一般会采用用户组及会员制的方式。会员信用等级的评定可以有多种方式：可以通过检验会员注册信息的真实程度来确定，而注册信息要由工作人员负责检验和核实；可以在进行交易的时

候，通过分析会员的交易记录来确定；会员信用的评价体系还可以灵活设置修改，根据新的情况添加或减少评价指标，并方便地改变或定制信用评估算法。会员可以分为多级。在一个五级会员系统中，最低为一级，最高为五级，级数越高，会员的信用等级也越高。五级会员有最高的信用度，所以只由管理人员人工设定。对于信誉度不好且无改进的用户，系统设立黑名单，禁止这类用户在系统中交易。

会员在拥有了不同的信用等级之后，管理员就可以对他们进行分组管理了。一个用户组可以拥有多个用户，一个用户也可以隶属于多个用户组。用户注册默认为一般用户组，管理员可以通过这个功能，改变用户隶属的用户组，从而使其获得更多或者更少的系统访问权限。

三、个性化服务系统

电子商务网站的设计还应该从怎样留住用户的角度出发，考虑不同用户的各种需求。个性化服务系统就是在这一前提下被提出的。该系统设计主要体现为以下三点：一是个性化页面。通过个性化服务可以让每个用户拥有自己所喜爱的页面，页面版式、风格、颜色、字体等均由用户选择，真正做到随心所欲。二是个性化定制信息。用户可以定制自己需要的信息，包括新闻、供求等。三是可以支持用户的个性化需求，跟踪用户在网站上的活动，并使系统据此提供最符合用户习惯和需求的个性化服务，如商品推荐、商品比较等。

四、询价系统

电子商务网站中的询价系统的一个重要作用是为用户提供灵活的商品价格查询和分析手段，用户可以自己定义复杂的查询条件，从不同的角度去搜寻自己需要的商品和价格；询价系统还要与商品和供货商管理模块紧密集成，同时预留与其他商情和询价系统的数据交换接口，以便提供实时的价格信息。对同一类或同一种商品的价格趋势、渠道状况等进行分析，以制定合理的购买策略。询价系统的另一个重要作用是，用户除了通过招投标进行交易之外，还通过询价系统寻找自己满意的商品价格，需要进行招投标的用户也可以通过询价系统制定合理的价格标底。

询价系统的结果和其他子系统的信息一样可以通过各种发布渠道传达给用户，如触摸屏、计算机、手机短信、WAP 等。

五、商品检索引擎系统

商品检索引擎系统应支持多种方式的检索：既支持简单的关键词检索，也支持复杂的智能检索，并且支持同时对商品分类等高速查询服务。目前，很多电子商务网站都提供了一种贴心式导购服务，即通过畅销商品、推荐商品、特别企划、专卖店、更新商品、商场打折等方式，向用户提供购买导向，更好地为用户提供服务。

六、邮件列表系统

邮件列表具有传播范围广的特点，可以向互联网上数十万个用户迅速传递消息，传递的方式可以是主持人发言、自由讨论和授权发言人发言等。厂家、商场、商店和普通用户都可以申请邮件列表，成为某个邮件列表的管理者或信息接收者。

七、自助服务系统

网上自助服务是电子商务框架下的一种概念，一般是指有服务需求的主体通过互联网技术获取或传递主体所定制的信息和数据。这里的获取和传递是指一种数据和交易双向流动的过程，定制则是指每个主体都有个性化的要求。它包含了所有能够自助的应用，目标是使消费者通过标准 Web 浏览器检索到所需要的信息，可以自己在桌面为自己服务，实时得到自己想要的东西。自助服务可以节省大量人力资源，减少相关的纸介质，使消费者获得更高水平的服务，从而提高其满意度和忠诚度。

消费者自助服务管理系统可以使消费者在任何时间进行交易，商家对消费者的服务将延伸到网上，使消费者可以在第一时间得到所需信息。例如，消费者无须等候就可以进行交易；消费者可以通过 E-mail 找到他们问题的答案；消费者可以与商家的其他消费者交流，以便更加了解商家的商品；消费者可以通过互联网查询他所购买商品的序列号、消费信息等，而这些信息并不是孤立的，它与销售和质量管理及消费者售后服务管理模块中的数据是集成的。

自助服务系统可为供应商提供必要的服务。例如，为供应商提供通过网上查看清单，判断是否需要补货的功能；供应商可以将其所负责的商家的采购订单的执行状况、发运执行状况、出厂质检状况等一系列信息提供给其所服务的商家。

八、论坛系统

论坛系统也称电子公告板系统，是网上社区的重要组成部分，它为网站提供了一种极为常见的互动交流服务。论坛可以向网友提供开放性的分类专题讨论区服务，网友可以在此发表自己的某些观感，交流某些技术、经验乃至人生的感悟与忧欢。近年来，很多企业和政府机构也开始通过论坛进行市场调查、市场反馈、在线服务、在线讨论、在线问卷、技术支持等活动，有效地增加了他们对市场的了解程度，也加强了他们对客户的服务力和亲和力。

九、短信增值服务系统

通过基于 Web 的短信增值服务系统，可以向手机用户提供发送短信、铃声、图片、定制新闻、点播、游戏等服务；为企业用户提供集团短信服务；支持最新的彩信业务；与 WAP 系统和 Web 网站集成；提供订阅、发送、点播、注册等日志供管理员查询；同时，该平台是一个开放的平台，通过该平台可以方便地为第三方接口提供短信的发送和接收服

务。该平台支持目前国内所有电信运营商的短信系统，其中包括国际标准的 SMPP 接口、中国移动的 CMPP 接口、中国联通的 SGIP 接口、中国电信（南、北电信）的 SMGP 接口，并已在国内运营商不同厂家的网关商品上经过了严格的测试。该短信平台基于 UNIX，易于扩充，能够提供电信级的服务。该系统中包括通信层功能模块、业务层功能模块、应用层功能模块等。

十、网上调查系统

网上调查系统用于各种调查活动，可以插入各种栏目中。电子商务网站中一般采用通用网上 Web 调查系统。

通用网上 Web 调查系统是一个基于 J2EE 架构的网上调查系统，能安装在 Windows、Solaris、Linux、NtServer 等不同的操作系统上，结合 MSSQLServer 等数据库使用。其主要作用是协助企业在网上开展调查，以了解消费者的消费心理，从而更好地改善服务，并且能通过调查结果，及时地掌握消费者需求和市场走向。其功能模块主要包括问卷管理模块、问卷发布模块、结果采集模块和统计模块等。

十一、广告管理与发布系统

与网上调查系统类似，广告发布管理系统也是一个基于 J2EE 架构的、能安装在不同操作系统上并结合数据库使用的广告发布监测系统，它可以实现按年、月、日、时对广告投放点击进行统计，并对消费者进行区域分析，提供商家各种相关的数据，有必要时向客户传递部分消费者访问时的原始参数。广告管理与发布系统包括的功能模块包括用户管理模块（系统用户管理和授权、广告客户管理）、广告管理模块（广告案例编号、广告代码生成、广告报表生成）、数据分析模块（广告投放报表生成、区域分析、时段分析、其他报表生成）、查询模块（按日期查询、按形式查询、按地域查询、组合查询）等。

电子商务网站不仅要处理企业与企业之间、企业同消费者之间大量复杂而零散的数据和信息，还要保证数据和信息传输的安全性。与普通的 Web 网站相比，电子商务网站在数据处理和传输方面要求更高，流程也更加复杂。因此，在对电子商务网站进行设计时，必须遵循以下原则：系统的安全性、科学的开发模式、系统的兼容性、系统的易用性、合理运用新技术、网站的推广性等。本书限于篇幅，对这些原则不一一展开论述。

第三节　电子商务网站的主图设计

一、主图概念

买家通过自然搜索或类目搜索，展现在眼前的第一张图片就是商品主图。商品主图的

好坏决定着买家在看到这张图片后是否点击进入详情页，从而促成交易。一张诱人的主图可以节省一大笔推广费用，吸引很多流量。

二、主图设计

（一）主图设计的规范要求

（1）LOGO。所有人可将品牌 LOGO 放置于主图左上角。LOGO 大小应有固定比例，通常宽度控制在图片大小的十分之四以内，高度控制在图片大小的十分之二以内，如图 9-1 所示。

图 9-1　LOGO 放置于主图左上角

（2）主图中的图片不得拼接。主图中不允许出现拼接图，除情侣装、亲子装等特殊类目外，图片中不得出现多个主体，如图 9–2 所示。

图 9–2　图片不得拼接

（3）图片不得出现任何形式的边框，如图 9–3 所示。

图 9–3　图片不得出现任何形式的边框

（4）图片四周不得留白。图 9–4 所示为错误的示例。

（5）图片必须是实物图，不得引用杂志图、同款官网图、其他品牌商品图片、影视片截图等。

（6）对背景的要求：若为化妆品行业、箱包行业、鞋类行业、珠宝贵金属首饰行业、饰品行业、玩具行业、保健食品行业、数码电器行业、汽车用品及配件行业、图书行业，主图必须使用白底背景；若为家纺行业、家具行业，场景化背景或白底背景均可；若为运动户外用品行业，使用白底图或无明显底纹的图片。实景图、模特图的背景应做淡化处理。

图 9-4　四周出现留白

（二）主图的构图形式

在主图画面中，起主导作用的就是构图。构图是影响作品呈现效果的主要因素。主图的构图形式因不同的商品而有所不同，大致可分为以下六种。

1. 黄金分割构图

“黄金分割”是由古希腊人提出的，遵循这一规则的构图形式被认为是和谐的。

在画面上横向、纵向分别画两条等分线，这四条线相交的点就是通常所说的黄金分割点，将要表现的物体置于相交的四个点中的其中一个点即可，这种方法被称为黄金分割构图。

图 9-5 所示为两张使用黄金分割方式进行构图的主图，将画面主体放置在整个画面的三分之一处，使画面具有稳定感、安全感。

图 9-5　黄金分割构图

2. 直线式构图

直线式构图是最简单的构图形式，可以整齐、简约地将商品展示出来，其排列具有很强的规则性。这种构图形式可以将大小不同、颜色不同的商品进行对比排列，可以将多种颜色和各种尺寸的商品进行排列展示，如图 9–6 所示。

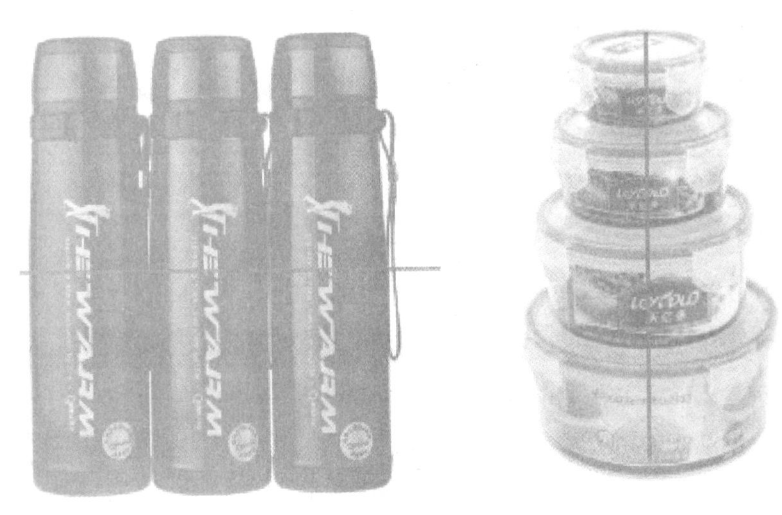

图 9–6　直线式构图

3. 渐次式构图

渐次式构图使商品的展示更有层次感和空间感，将商品由大到小、由实到虚、由主到次进行排列，将重复的商品打造出层次感和空间感，使商品更具有表现力，如图 9–7 所示。

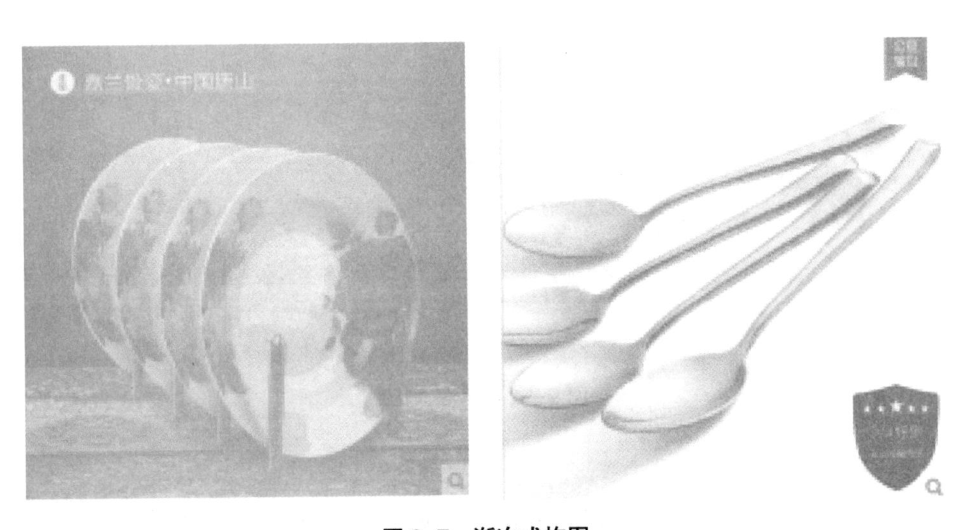

图 9–7　渐次式构图

4. 三角形构图

三角形构图具有稳定性，会展示出一种安定的视觉效果，均衡又不失平衡，主要包括正三角形、倒三角形、斜三角形等。适合采用三角形构图的商品应是有一定规则的几何体，使商品显得更有气势和稳固。如图 9–8 所示，将易碎的碗采用三角形构图，显得比较稳固。

图 9–8　三角形构图

5. 辐射式构图

辐射式构图是由内向外进行扩张的，使画面更具有活力和张力。这种构图方式比较适合线条形的商品，能很好地集中表现商品，如图 9–9 所示。

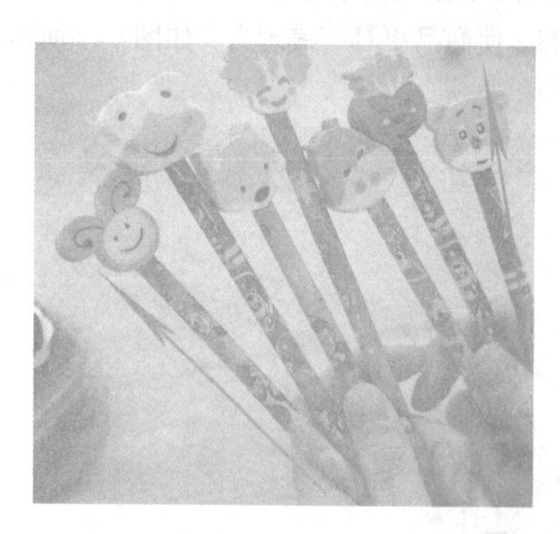

图 9–9　辐射式构图

6. 对角线构图

对角线构图将商品的摆放安排在对角线上，使商品更具有视觉冲击力，突出了商品的立体感、延伸感和动感。这种构图形式适合表现有立体感的商品，如图 9–10 所示。

图 9–10　对角线构图

7. 其他构图

对于颜色、样式繁多的同类型商品，卖家也可以使用各种摆拍方式，使商品的构图更加多样化，以此来吸引买家的眼球。例如，将商品根据一定的形状进行摆放，以展示商品的多元性，如图 9–11 所示。

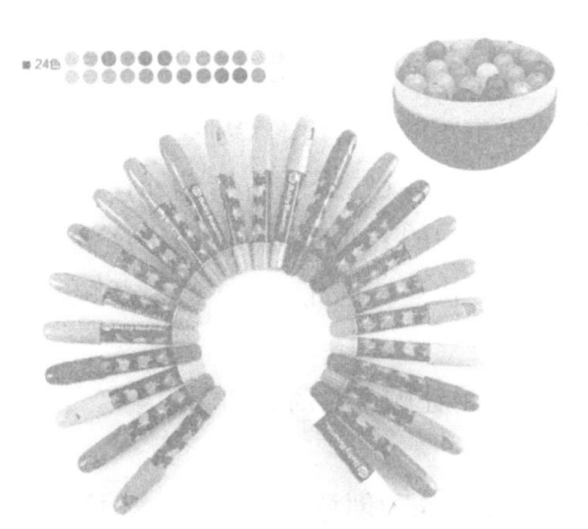

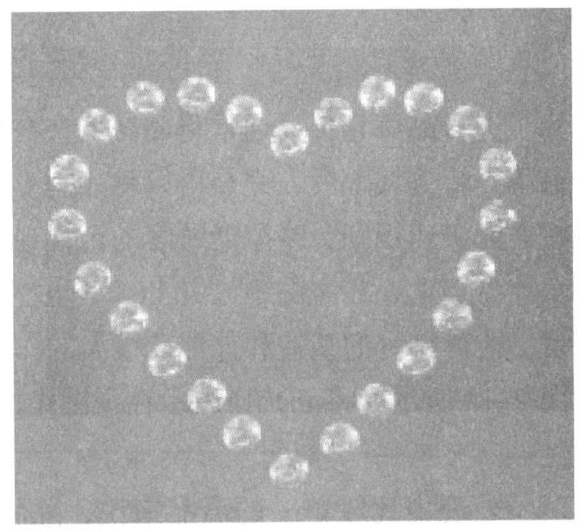

图 9–11　其他构图

（三）主图的信息分层

信息分层是指将主图中的信息按照一定的计划逐层展示出来。例如，如果图中包括三层信息，那么首先将什么信息进行重点展示，其次展示什么，最后展示什么。

例如，在图 9–12（左）中，可看出最先展示的是商品本身，商品的图片在整个画面中是最突出的；其次是商品价格，价格的颜色对比很强烈，表现力仅次于商品；再次是使用文案表现商品的材质；最后是品牌 LOGO。整个主图中信息的先后展示顺序明显、主题明确。

图 9-12（右）同样是优先展示商品，然后是商品价格和正品保证，接着是质保，最后是商品品牌。这样做是为了将商品最有优势的方面进行优先展示，让消费最先看到。如果商品性价比高，那么就优先展示价格和性能；如果商品品牌效应强，就优先展示商品品牌。我们要根据实际情况，对主图的信息合理分层并进行有效展示。

图 9-12　主图的信息分层

（四）主图的品牌宣传

为了进行品牌宣传，通常将品牌 LOGO 放置于主图的左上角。特别是在线下有一定基础的品牌，转到线上后，完全可以将品牌 LOGO 统一放置在主图的左上角，使了解此品牌的老顾客能快速识别，唤醒老顾客的记忆（通过主图中的 LOGO 展示，认定这就是其要的正品）。事实上，在主图中放置 LOGO 也能让新顾客快速认识此品牌，吸引新顾客的关注和消费，这对品牌的塑造和宣传有很大的作用。

图 9-13 所示为将 LOGO 展示在主图中的效果，可让顾客对商品加深印象。

（五）主图的场景表现

对于表现力比较单一的商品来说，除将商品进行各种创意式摆放外，还可以将商品放进它的使用环境中，以此来提升商品的表现力，使消费者看到后联想到自己在这个场景中的使用效果，就好像买家看到模特穿着的衣服很好看，就能联想到自己穿着也是这样好看。所以，给商品添加合适的场景是必不可少的。

图 9-14（左）所示为模特穿着羽绒服在街上，这样的表现方式使顾客看到后会联想到自己穿着漂亮的羽绒服；图 9-14（右）所示为将一张茶几放到和商品相匹配的环境中，让消费者联想到将这件商品放到自己家中再配上一条地毯是什么效果，这样更有利于消费者产生联想。

图 9-13　主图的品牌宣传

图 9-14　主图的场景表现

（六）保存文档

把文件保存到主图文件夹中。

三、主图上传

（一）图片空间

图片空间是指用于储存商品图片的网络空间，如图 9-15 所示。

图片空间的大小不同，有 10M、30M、1G、2G 等。一般情况下，按照平均每张图片 100K 来计算，30M 的空间可以放 300 张左右（1M=1024K，1G=1024M）。用于存储网店商品图片的空间主要分收费的和免费的两大类。

图 9–15　图片空间

收费的图片空间（如淘宝网提供的图片空间）是用于储存淘宝网商品图片的官方存储空间，能迅速提高页面和商品图片的打开速度，从而增加消费者点击商品的数量，进而提高商品曝光度，实现销售额增长。

淘宝网图片空间具有如下特色：

（1）是淘宝网官方图片存储空间。

（2）开店即永久享受免费 30M 图片空间。

（3）具有高速上传功能，一次能同时上传 200 张图片。

（4）具有在线一键“搬家”功能，“搬家”后商品描述中图片自动替换。

（5）图片空间过期，商品图片仍可显示。

（6）原图存储，提供多种尺寸的缩略图。

（7）全国各大城市铺设服务器，商品图片就近存放。

（8）多重数据备份，保证灾难性恢复，减少损失。

（9）批量外链，不限流量。

（10）商品图片可自动批量添加水印。

至于免费的图片空间，网上很容易找到。据调查，使用得比较多的就是 51 相册，不过 51 相册已经正式宣布普通用户禁止将外链图片作为商用，商用图片的用户开通 VIP 会员服务方可继续使用。开店当然属于商用，这对于广大店主来说，又少了一个免费的午餐。事实上，寻找服务好的永久免费的图片空间是很难的，对于长期开网店的朋友，还是建议大家寻找专业的、收费的图片空间会更有保障。

此外，还有收费、免费混合型的图片空间。有些图片空间是专业的图片存储和分享网站，提供免费的外链相册，空间无限，也给专业的用户提供 VIP 服务，价格合理。例如，

QQ 空间的图片容量，免费用户是 16M，而会员和黄钻用户是 100M（收费）。

（二）上传图片到淘宝网图片空间的方法

（1）登录淘宝网，进入卖家中心界面，如图 9–16 所示。

图 9–16　卖家中心界面

（2）在图 9–16 左侧单击“店铺管理”｜“图片空间”选项，会自动跳转到如图 9–17 所示的界面。

图 9–17　图片空间界面

（3）单击图 9–17 中右上角的“上传图片”按钮，会出现如图 9–18 所示的窗口。如果单击右上角的“修改位置”按钮，则可以更改图片存储的位置。使用“高速上传”需要下载安装控件。我们采用“通用上传”，单击“点击上传”按钮，在弹出的对话框中找到要上传的图片，单击“打开”按钮即可上传图片到相应位置。

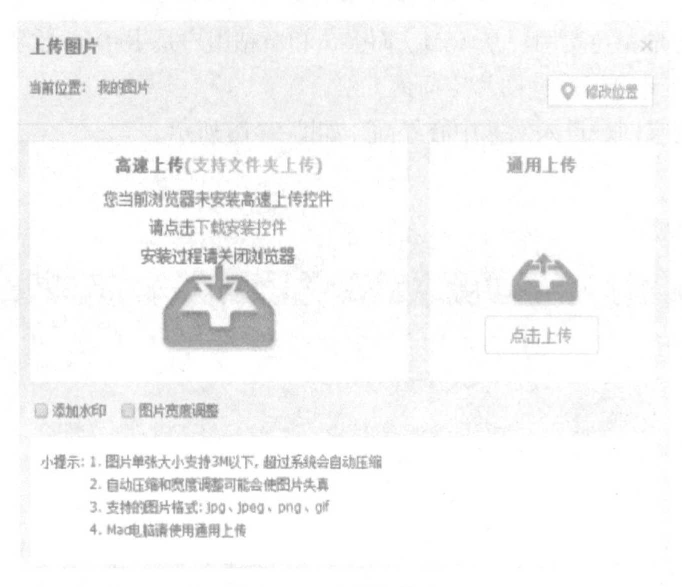

图 9–18　上传图片窗口

（4）完成后，效果如图 9–19 所示。

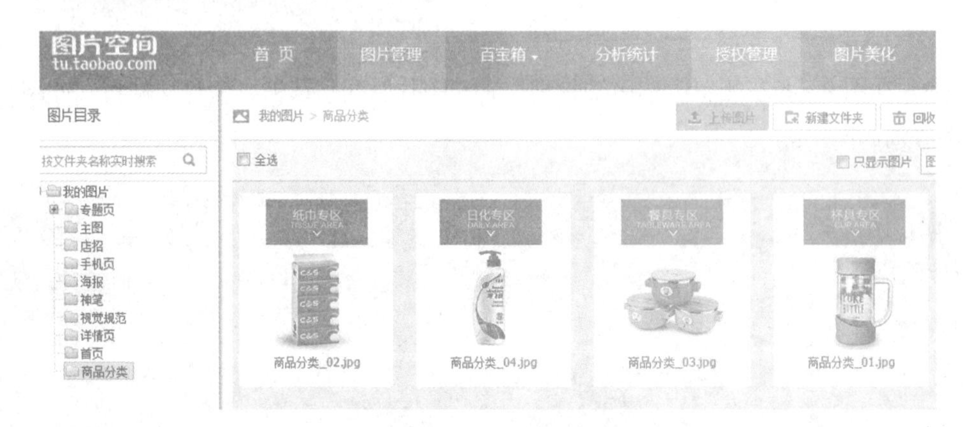

图 9–19　图片上传后效果

第四节　电子商务网站的详情页设计

一、详情页策划

（一）详情页的尺寸

在详情页中，如果内容屏数过多、详情页过长、图片质量过高，会导致消费者浏览加载过慢，让消费者产生厌烦感，增加消费者的流失率。因此，对于 PC 端来讲，一屏的高度大约等于 800px（屏是指淘宝网用户的平均浏览器大小），优秀详情页的屏数应为 20

屏，也就是高度约为 16000px；而宽度，淘宝网规定了 C 店和 B 店宽度分别为 750px 和 790px。

（二）详情页的内容模块

详情页的内容基本上可以分成以下几个模块。

1. 商品的基本信息表

例如，某水杯的基本信息表如图 9-20 所示。

图 9-20　某水杯的基本信息表

2. 关联促销

关联促销是指在一个商品详情页里放进另外一个或几个其他商品的促销信息或店铺优惠信息等。对于未能产生购买行为的消费者，关联促销可以有效地减少消费者的流失率。关联促销主要包含以下两个部分：

（1）热销商品推荐（图 9-21）。

图 9-21　热销产品推荐

在关联里可以推荐几个本店热卖的、性价比高的单品，以 3 ~ 4 个为宜，不宜过多。如果消费者对本件商品不满意，还可以选择其他商品，以减少消费者跳失率。

（2）店铺促销活动。

店铺促销活动有收藏店铺返优惠、店铺优惠券（图 9–22）、抽奖活动（图 9–23）、打折活动、满减活动等。

图 9–22　店铺优惠券

图 9–23　抽奖活动

以上两个部分可根据店铺需要来添加，属于选择性添加模块。

3. 商品焦点图

商品焦点图是指展示品牌、商品特色、热销盛况、商品升级、促销信息且能够引发消费者购买冲动的图片，通常以海报形式展示，如图 9–24 所示。

图 9–24　某水杯焦点图

4. 商品整体展示

商品整体展示大体可以分为场景图和摆拍图两种。

场景图就是商品的使用场景、使用效果，让消费者了解商品是否适合自己，如图 9–25、图 9–26 所示。

图 9–25　某保温杯使用场景图（一）

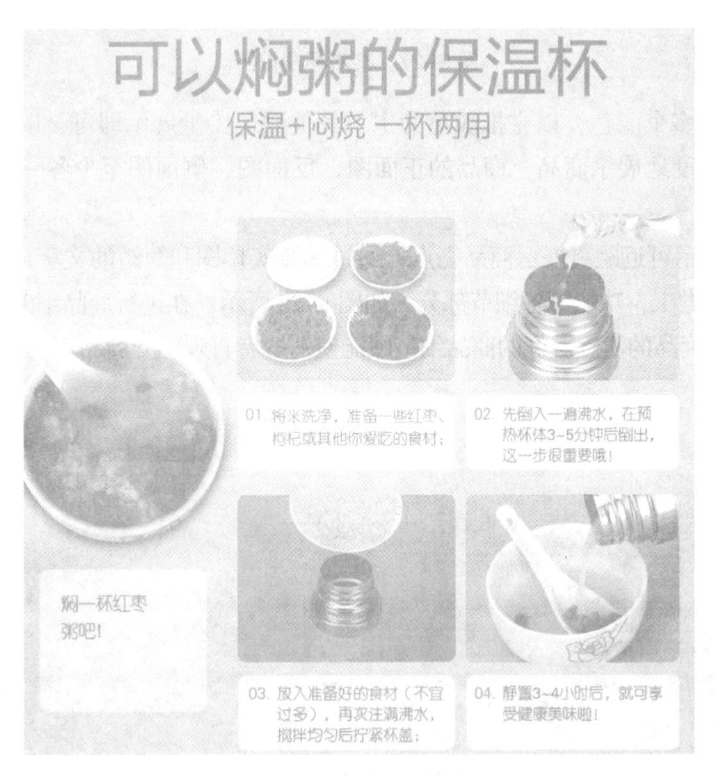

图 9–26　某保温杯使用场景图（二）

摆拍图（图 9–27）以突出商品为主，通过简单的背景对商品进行实拍，比较适合家居用品、数码商品、鞋、包等小件物品。

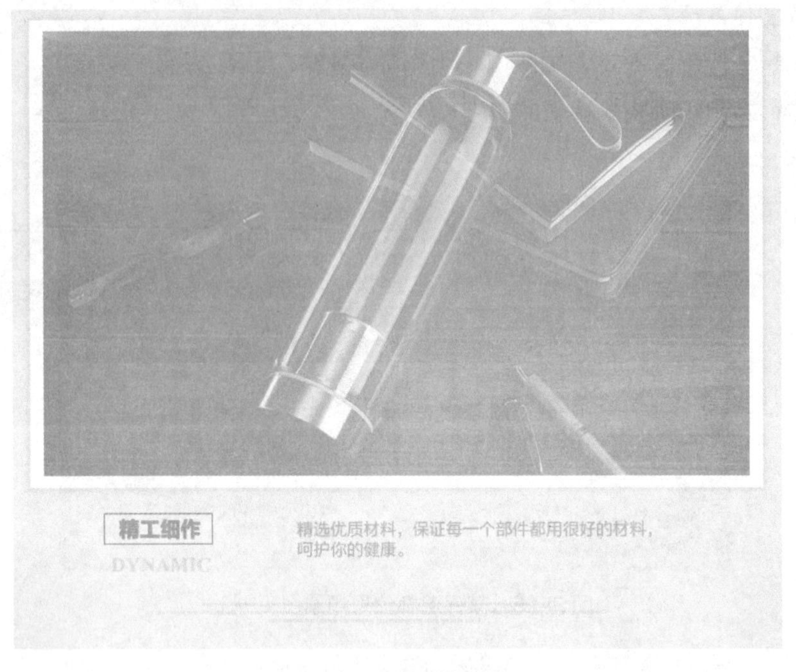

图 9–27　某水杯摆拍图

如果商品有多个颜色，以主推颜色为主，其他颜色少量展示即可，以保持整体风格统一，并且应多角度地展示商品，商品的正面图、反面图、侧面图至少各一张。

5. 商品细节展示

商品细节展示可近距离展示商品亮点，通过细节实拍图和简短的文字，清晰地展示商品的材质、图案、做工、功能等各细节部分，如图 9–28 所示。在进行商品细节展示时可利用放大镜的功能突出商品的卖点。好的商品细节图能使消费者直观感受商品，从而提高转化率。

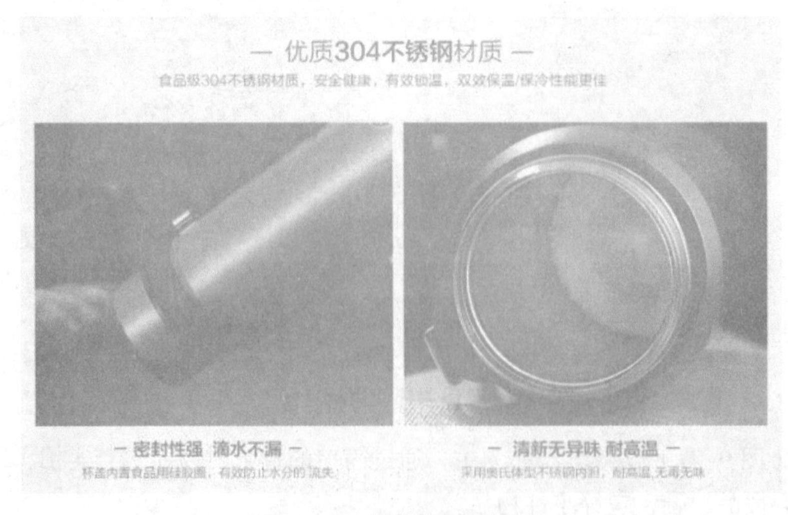

图 9–28　某保温杯细节图

6. 商品规格参数

商品规格参数包括货号、产地、颜色、材质、规格、重量、洗涤建议等，如图 9-29 所示，提供这些信息能有效地减少客服的工作量。

图 9-29　某水杯规格参数

可使用常见的实物与商品进行对比，让消费者更直观地了解商品的实际尺寸。如图 9-30 所示，用手机与水杯进行尺寸对比。

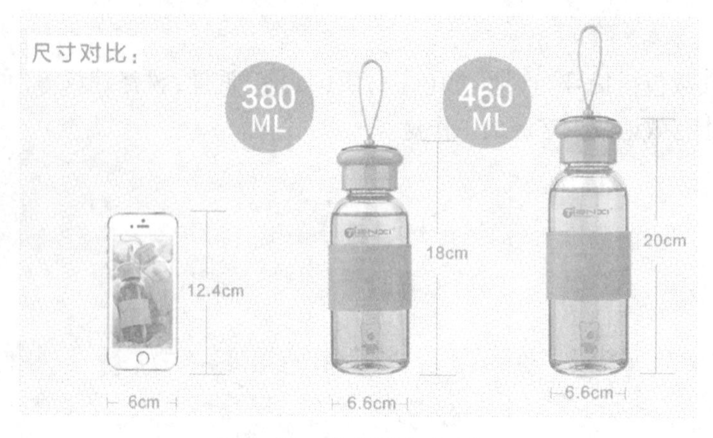

图 9-30　某水杯尺寸对比

7. 品牌说明

通过一系列的理念、品牌介绍，让消费者觉得该品牌质量可靠，烘托出品牌实力。

品牌说明模块主要由以下四个部分组成：

（1）品牌介绍。品牌介绍主要包含“品牌优势”“荣获的奖项”“品牌故事”等内容，如图 9-31 所示。

图 9-31　某水杯的品牌介绍

（2）媒体推荐，如媒体名人推荐、媒体广告介绍等。

（3）正品证书、品质证书，如图 9–32 所示。

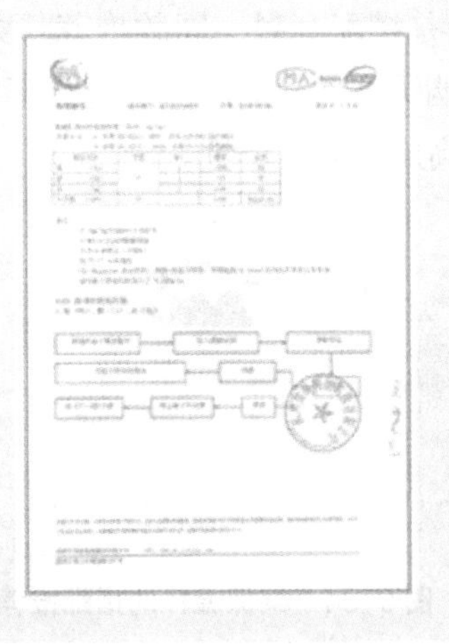

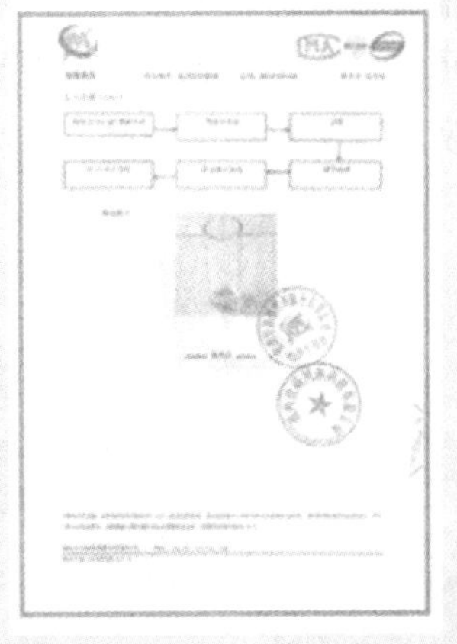

图 9–32　某水杯的证书展示

（4）正品、假冒伪劣商品对比图。通过与其他同款劣质商品对比，强化商品卖点，证明商品优势，如图 9–33 所示。

以上四个部分可根据店铺需要来添加，属于选择性添加模块。

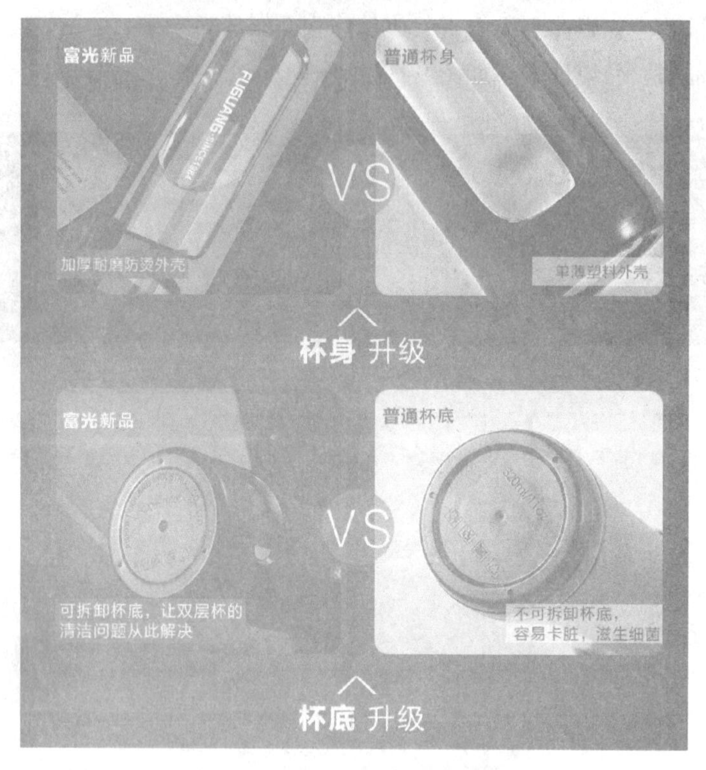

图 9-33　某水杯的商品优劣对比

8. 搭配推荐

搭配推荐（图 9-34）可以是搭配套餐、同款推荐、穿搭建议，但不要和之前的关联推荐重复。当消费者客确定要购买这件商品时，通过推荐与之搭配的另外一件商品，可以让消费者购买更多的商品，提高成交的客单价。

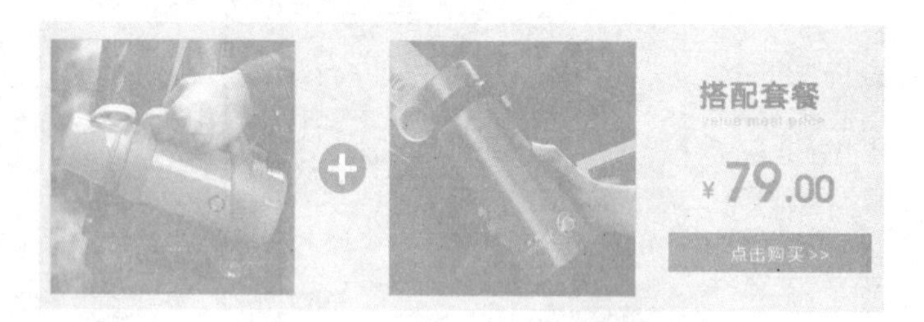

图 9-34　某保温杯的搭配推荐

9. 买家反馈信息

买家反馈展示（图 9-35）包括好评如潮的相关截图、网络红人的使用体验、买家秀等。但很多买家都觉得截图并不真实，不如页面上系统自带的商品评价可信度高，因为买家更愿意相信买家，所以也可以不加好评截图，让买家自己去看评价详情，提高其对此商品的认同感。

4.9分高评分
信誉和口碑是店铺的成功之道
与描述相符
4.9
很实用(4623)　质量不错(3255)　物流快(2048)　服务好(1124)
性价比很高(942)　款式好看(749)

图 9-35　某养生壶的买家反馈信息

10. 包装展示

一个好的包装不仅可以体现店铺的实力，还能让买家放心购买店铺的商品。展示精细严密的包装，就是在向买家保证商品在运输途中不易受损坏，不仅体现了卖家的诚意，还体现了卖家的专业性。某水杯的包装展示如图 9-36 所示。

常规产品包装流程 NOTES

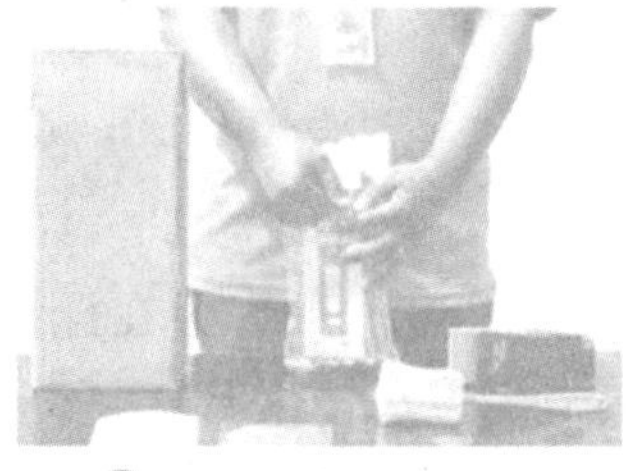

图 9-36　某水杯的包装展示

11. 购物须知

购物须知包括邮费、发货、退换货、洗涤保养、售后问题等（图 9-37）。提供详细的购物须知可以有效地减少客服的工作量。如果商品存在物流问题，如易碎品或可能液体侧漏等，还需提前在图片或文字中提醒买家，以免买家收到货物后给店铺不好的评分。

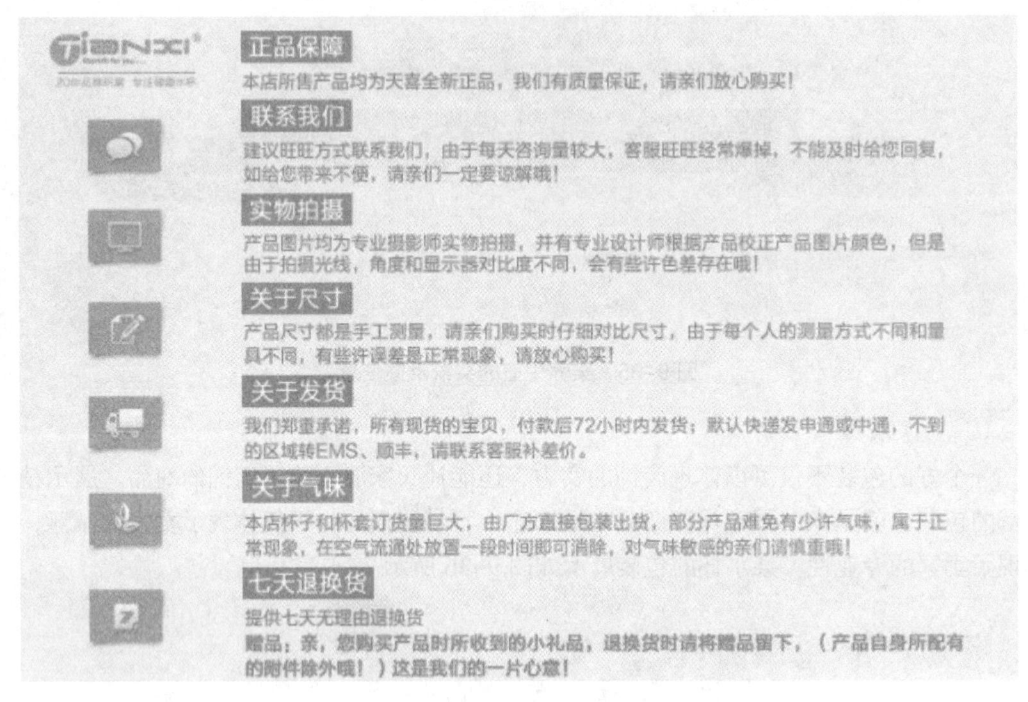

图 9–37　某水杯的购物须知

二、详情页的模块排序

天下网商做的调查显示，仅有 20% 的顾客会在详情页停留 2 分钟以上，因此详情页的模块排序会直接影响顾客的流失率与转化率。由于顾客无法切身体验到商品，所以详情页的主要作用就是打消顾客的顾虑。卖家应从顾客的角度出发，根据顾客的消费心理与浏览习惯，找出其最关注的几个点并不断强化，主次分明地对各个模块进行排序。例如，女装类的详情页，模特图、实拍图是重点；而美妆类的详情页，商品功效介绍更重要。

那么，如何一步步地引导顾客进行购买活动呢？

第一步：引发兴趣。

电商界一直流传着 3 秒原则的说法。所谓 3 秒原则，就是顾客在进入详情页后 3 秒内就可以决定是否喜欢该商品，卖家必须在这 3 秒内引起顾客的兴趣。所以，详情页的开头应该是视觉的焦点，可以放一些能够展示品牌及商品特色的意境图、热销盛况、商品升级、顾客痛点等，第一时间引发顾客兴趣。

第二步：激发需求。

根据前三屏原则（前三屏决定顾客是否想购买商品），卖家必须充分利用详情页的前三屏激发顾客的潜在购买需求。建议放一些场景图、商品使用效果图等，也可以呈现商品整体展示部分，以激发顾客的购买欲望。

第三步：产生信任。

通过商品整体展示，激发顾客潜在需求，使其产生感性认识后，接下来就要考虑理性部分了。顾客要细看商品质量好不好、功能全不全、是否适合自己等，所以，卖家可以通过商品细节展示、功能展示、参数展示，全面地展示商品细节，着重突出商品卖点，逐步获取顾客信任。

第四步：从信赖到占有。

通过前面的细节展示、功能展示、参数展示、卖点展示，相信有不少顾客已经心动了，但是商品的实际情况是否与卖家介绍的相符呢？卖同类商品的店铺很多，为什么非要在你的店铺买呢？卖家可以通过同类商品对比、品牌介绍、媒体推荐、正品证书、品质证书、买家反馈信息等，展示品牌实力。

第五步：打消顾虑成交。

通过上面几步，顾客终于准备购买商品了。此时，卖家可通过展示各种售后保障服务，如支持 7 天无理由退换货、邮费说明等消除顾客的后顾之忧；或者通过搭配推荐，促使顾客购买更多的商品，提高成交的客单价。

根据以上步骤，详情页的模块排序建议按表 9-1 进行。

表 9-1　详情页的模块排序建议

成交五部曲	详情页模块
引发兴趣	焦点图
激发需求	场景图、使用效果
	实拍图
产生信任	商品细节展示
	商品规格参数
从信赖到占有	品牌说明
	买家反馈信息
打消顾虑成交	搭配推荐
	包装展示
	购买须知

有很多卖家对关联促销要放的位置感到困惑。一般来讲，关联分为上关联和下关联。上关联是指放在商品描述的前方，下关联是指放在商品描述的后方。对于销售量较高的商品，建议把关联放在后方，这样可以让顾客购买更多的商品，增加客单价；而对于销售量低或新品，建议把关联放在前方，这样就算顾客不想购买这款商品，也可以选择其他商品，减少流失率。

三、详情页的类型

商品详情页有很多种类型，不同类型的商品详情页有着不同的优势，侧重点也不同。不同的商品做不同的详情页模板，可以更好地展示商品，大大提高转化率。

（一）功能型商品详情页

功能型商品的详情页主要体现商品功能，如各类护肤品的使用效果、电器和数码商品的功能介绍等。如图 9-38 所示，美白面膜详情页主要展示面膜的天然成分、美白效果、保湿效果等。

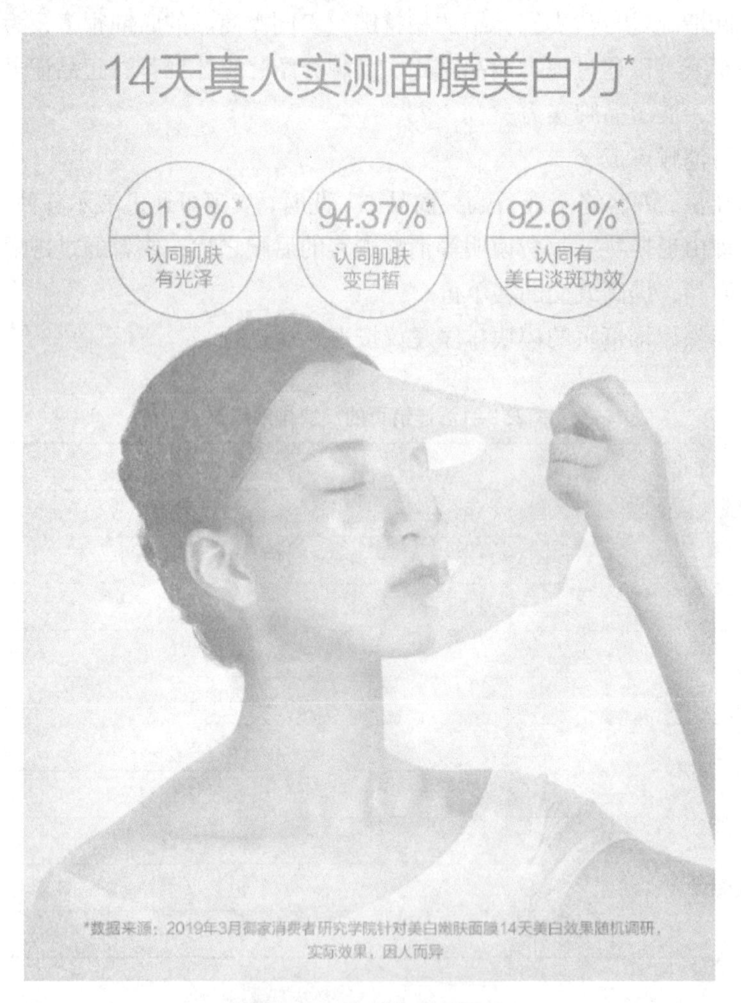

图 9-38　美白面膜详情页

（二）符号型商品详情页

对于有特殊意义的商品，可以以商品为载体，传达商品的内在意义，引起顾客的共鸣。例如，鲜花，最主要是花的含义——花语，突出花语的价值就是这件商品的独特之处，如图 9-39 所示。

图 9-39　鲜花详情页

（三）感觉型商品详情页

感觉型商品的详情页主要给顾客身临其境的感觉。例如，商品是沙滩长裙，在详情页展示模特在海滩上穿着沙滩长裙，海风吹过，裙摆飘荡，带顾客进入海边度假的意境，如图 9-40 所示。

图 9-40　沙滩旅裙详情页

（四）服务型商品详情页

服务型商品如无理由退货，送运费险、免费安装、各种有保障的售后服务等，如图 9-41 所示。虽然这些服务不计入商品价值当中，但是这些服务却深受买家喜爱。

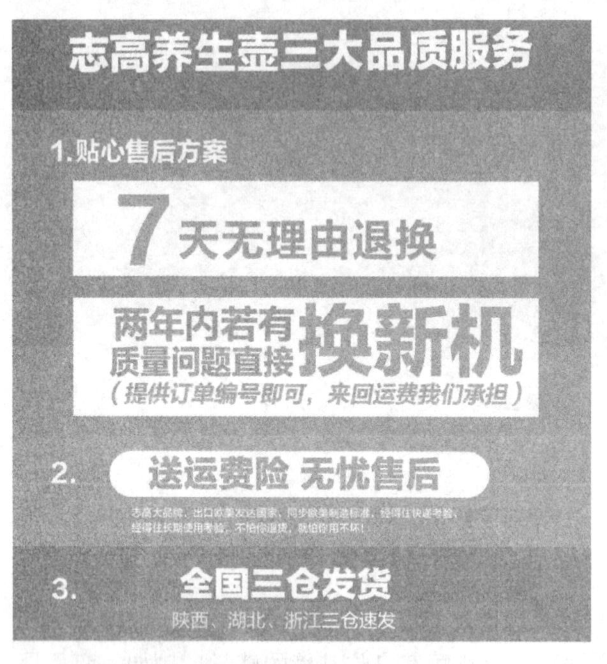

图 9–41 服务型商品详情页

（五）附加价值商品详情页

在详情页上可以展示专属老顾客的服务通道及专属的优惠价，新顾客也应有相应的礼品，通过附加价值提高店铺销量和顾客忠诚度，如图 9–42 所示。

图 9–42 附加值商品详情页

第五节　电子商务网站的文案设计

一、商品文字描述

（一）商品信息的展示重点

商品信息展示不能千篇一律，应根据商品的类别，确定展示内容，杜绝“八股文”似的商品描述。

1. 服装鞋帽类商品

服装鞋帽类商品因为顾客无法试穿欲购买的商品，对不了解的商品会有一种“不保险”的心态，并且对商品的品质产生诸多猜疑，所以详细的文字介绍是至关重要的。无论是鞋、帽，还是服装，都需要在商品介绍、适合人群、品牌历史以及质地、型号、尺寸、款式等方面进行详细、精确的描述。

2. 电子数码类商品

一般在网上购买数码类商品的顾客对数码类商品都相当精通，这类人群多关注商品的详细参数，参数内容越详细，商品越具有竞争力。如果再添加商品优势或者商品特点、价格优势，就会大大增强顾客购买的兴趣。

3. 美容、母婴类商品

顾客在选购美容品时，尤为关注商品功效及商品成分，这两点也成为顾客选择商品的首要条件。当然品牌效应也尤为重要，所以在介绍美容用品时，正确的指引、显著的功效、健康的成分及品牌介绍，这些描述是不可缺少的。同时，母婴工具也需要商品介绍（含产地、适合人群、标配）、商品材料成分、品牌介绍、使用方法等描述。

4. 精品箱包类商品

在描述箱包类商品时，需给顾客一个遐想的空间，让顾客闭上双眼就如同见到实物，当然需要一些商品的形容、比对和感受。此外，卖家还需要进行详细的商品描述，如卖家承诺（或广告语）、商品信息、商品描述、品牌介绍、包装说明等。

（二）撰写商品文案的方法

1. 抒情短文

使用抒情的表达方式实现情感营销，引起顾客的情感共鸣，这种方法要注意文字简短。

2. 拟人

每一款商品在厂家发布时，都有相应的文字介绍其优点、作用、功能、使用方法，但这些文字没有任何感情色彩，需要转化成带有感情色彩的话语来表达。例如，在图片中加上与商品相关的拟人化描述或者优美的文字，使顾客更有兴趣去阅读图片上的文字，看完

商品描述后，让顾客与我们在商品描述中的图片和文字产生共鸣，进一步激发顾客的购买欲望。

3. 祈使动词的短句描述

祈使动词的短句描述主要应用在商品描述的详图上，一般情况下，很多网站做商品细节描述只做图片，最多简单排版图片。实际上，每张详图除表达物体某个局部外，还要配上简短文字做解释。

二、商品推广软文的撰写

（一）确定营销目标，决定软文撰写方向

编辑软文不仅要了解店铺各个发展阶段的目标，还要明确各个层面以及当下的目标。只有对店铺的营销战略了如指掌，才能确定软文营销的总体目标，以及各个发展阶段、各个层面和当下的目标。

编辑软文应尽可能详细地列出软文营销的目标战略图，如对内对外、线上线下、传统及网络媒体上的软文发布、广告、公关等目标，并且要设定每一个目标的发稿及投放媒体数量。

编写优秀的软文，不仅需要跟客户进行具体的网络沟通，还应当通过各种渠道寻找更多相关资料。当然，要是对方的网站信息齐全，提供电子杂志或可下载的文件，那就更好了。

（二）了解受众和媒体，提高软文质量

站在网络软文营销的立场来说，特别是那些以网站为营销工具的站长、网店店主、小型工作室或微型企业，重要的一点便是对关键词进行分析，包括相关关键词、客户网站的优化数据、竞争网站与网络广告的基本情况以及易被搜索引擎收录到百度新闻或谷歌资讯频道的网站信息。其原因在于网页内容的优化实际上等同于软文的优化，要想提高网页在搜索引擎中的排名，就必须选一个搜索量大、竞争性小、相关性高的关键词。

因此，事实上，软文营销包括软文推广、优化与传播等层面，但站在撰写软文的立场，我们应当了解受众的一些信息。

1. 习惯用语

要想达到精准营销的目的，就必须熟悉受众的习惯用语，从而更好地设计关键词。而习惯用语主要是顾客对当前服务或商品的惯用表达。

2. 偏好网站

不仅要了解受众经常浏览信息、互动讨论、听音乐以及看视频的网站，还要知晓受众是喜欢百度、谷歌还是搜搜等搜索引擎。

3. 关注需求

弄清楚潜在顾客对商品或服务的需求，以及顾客在交易过程中的不便之处和最关注的方面。

（三）形式服务内容，内容服务目标

一篇软文具有两个基本点，即制造需求和引导消费，并秉持“四个凡是”原则，即凡是更有利于推进营销目标，凡是被消费者接受，凡是被媒体采纳，凡是满足以上三项的都应当作首要选择。

不同的内容可以具有多个主题，一个主题只能是一篇软文。新闻软文以新闻的方式表现，故事软文以小说、杂文或漫画等方式表现，这体现出软文题材的各式各样。为了更好地将内容传递给受众，表现形式必须选择恰当。

软文的结构可以分为写作思路和软文编辑两种。

“意”是写作思路的结构；“形”是软文编辑的结构，即软文段落的优化等一些小技巧。实际上，让受众自然而然、轻松愉悦地读完全篇就是软文段落的优化，是一种阅读上的体验处理。一般做法：第一段控制在 1 ~ 3 句话，150 个字以内；从第二段到倒数第二段，每个段落一般最好保持在 5 ~ 6 个句子；最后一段同样控制在 3 句话之内。

切记，段落之间的距离要大于句子之间的距离，清楚就好。

（四）标题引人入胜，赢得先机

相比一篇软文的写作时间，设计标题往往需要更长时间。一旦标题无法引人入胜，那么一切都是徒劳的：无论稿件再好，无人阅读都是空的；不论创意多棒，无人点击便是虚的。

（五）重视软文写作

网络软文不仅是为了吸引更多的流量或传递某种商业信息，更是为了达到交易或交换的目的，转换和改变受众固有的价值观。与受众沟通，是软文的主题，但沟通的意图并不是重点，重点在于引发对方回应。受众的理解、认知、回应程度是撰写软文的关键。简而言之，就是使受众理解软文并行动。

三、编写企业形象宣传软文

（一）优化企业网站建设方案

受众往往通过浏览企业的网站留下对该企业的第一印象，因此，企业网站的建设要具有赏心悦目的页面色彩和布局、舒雅难忘的背景音乐、一看就懂的功能介绍、一目了然的必要信息情况、简单易做的操作流程、及时热情的在线咨询以及亲切温馨的交互性设计等，突出专业性和实用性。

网站内容编辑师应该定期观察企业网站的整体风格和内容，参照或借鉴国内外优秀网站，及时提出更新方案，增加网站美感、时代感，增强网站功能，强化受众体验享受。

（二）编写企业形象宣传美文

编写与宣传有关的企业文化、理念、发展蓝图、企业实力、网站地图、网站用户评价、地域分布、优势、媒体报道以及开展活动等单项或综合性的宣传美文，通过搜索引擎、论坛以及博客等推广方式进行宣传。

四、详情页文案设计

一个好的详情页文案可以让顾客了解商品的核心优势，抓住顾客的心，让其产生共鸣。虽然不同商品、不同品牌的描述不一样，但是思路与技巧基本一致。

（一）分析商品价值，提炼精细化文案

分析商品的价值，直接提炼顾客对商品的认知，并用简洁、精练的文字表达出来，如顾客为什么要购买该商品？购买商品后能为顾客带来什么？可以帮助顾客解决什么问题？等等。以保温杯为例，保温杯类商品的商品价值就是保温，其价值分析如图 9-43 所示。

图 9-43　某保温杯的产品价值

（二）分析商品优势，提炼文案精髓

每类商品都有自身的优势，要找到商品优势并将挖掘到的优势进行放大、精练，以吸引顾客。图 9-44 展示了某保温杯的四大优势。

图 9-44　某保温杯的四大优势

（三）分析行业趋势，提炼文案吸引力

通过对比竞争对手的详情页文案，更能了解行业趋势，加深文案吸引力。图 9–45 所示的保温杯，其价格要比市场专柜上售卖的价格低得多。

图 9–45　某保温杯的行业趋势

（四）分析与季节相关的潮流走势，提炼文案要点

例如，夏季商品就应该突出清凉、冰爽的特点，冬季商品就应该突出保暖、温暖的特点。卖家应认真思考你的商品能给顾客带来什么利益，然后把利益最大化、最精细化，直接展现给顾客，让顾客更加了解商品。以防寒袜裤为例，文案的要点在于抗寒保暖，体现出商品的核心卖点，如图 9–46 所示。

（五）通过品牌形象制作文案

如果商品有明星款、代言人，可以通过其品牌形象制作文案，如图 9–47 所示。如果商品没有品牌形象、明星代言，详情页应该尽量放大其他优势，如促销方案、商品质量、商品价值、商品优势等。

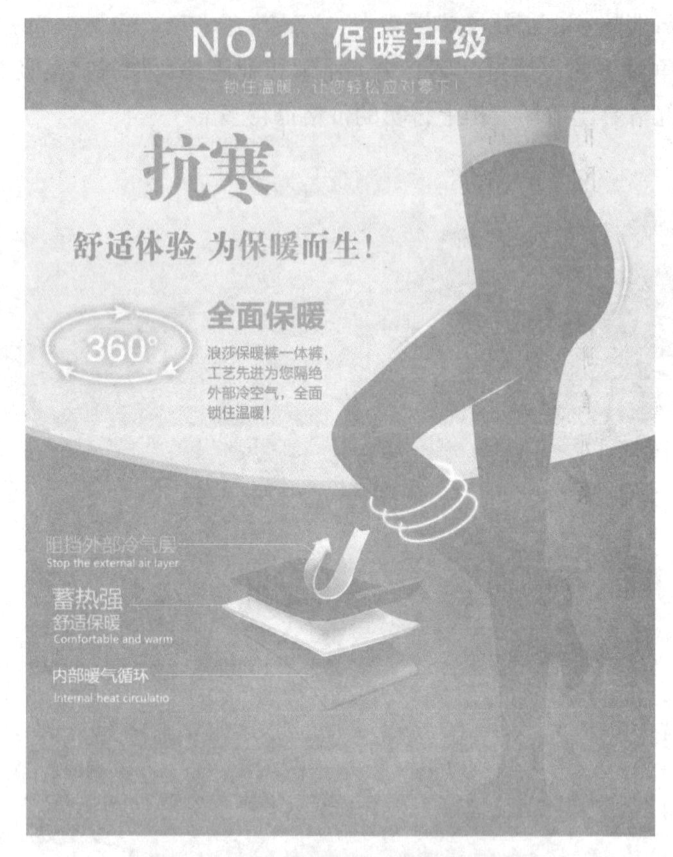

图 9–46　某防寒袜裤的季节潮流走势

图 9–47　某户外鞋的品牌形象

知识回顾

本章主要介绍电子商务网站的特点及功能、电子商务网站的功能设计、电子商务网站的主图设计、电子商务网站的详情页设计、电子商务网站的文案设计。

1. 电子商务网站有哪些特点?
2. 主图的构图形式有哪些?
3. 详情页的模块应如何排序?
4. 如何撰写商品文案?

参考文献

[1] 丛琳 . 网页配色・构图・细节设计 [M]. 北京：人民邮电出版社，2008.
[2] 胡崧 .HTML 从入门到精通 [M]. 北京：中国青年出版社，2007.
[3] 陈笑 .Dreamweaver，Photoshop CC 网页制作实用教程 [M]. 北京：清华大学出版社，2006.
[4] 胡崧 . 网站建设实例大制作 [M]. 北京：中国青年出版社，2007.
[5] 黄天一 .FIREWORKS 8 标准培训教材 / 认证考试指南 [M]. 北京：人民邮电出版社，2007.
[6] 江礼坤 . 网络营销推广实战宝典 [M]. 北京：电子工业出版社，2012.
[7] 李睦芳，肖新容 .Dreamweaver CS5+ASP 动态网站开发与典型实例 [M]. 北京：清华大学出版社，2012.
[8] 李英俊 . 网页设计与制作 [M]. 大连：大连理工大学出版社，2014.
[9] 任正云 . 网页设计与制作 [M]. 北京：中国水利水电出版社，2007.
[10] 商玮 . 电子商务网页设计与制作 [M]. 北京：中国人民大学出版社，2014.
[11] 孙丹 . 网站推广 [M]. 北京：清华大学出版社，2012.
[12] 童红斌 . 电子商务网站推广 [M]. 北京：电子工业出版社，2012.
[13] 甘登岱 .FLASH 8 创意与设计百例 [M]. 北京：航空工业出版社，2007.
[14] 王诚君，刘振华，郭竑晖 .Dreamweaver 8 网页设计应用教程 [M]. 北京：清华大学出版社，2007.
[15] 王德永，张少龙 .PHP+CMS+Dreamweaver 网站设计实例教程 [M]. 北京：人民邮电出版社，2013.
[16] 张拥华 . 电子商务网页设计与制作 [M]. 北京：教育科学出版社，2013.
[17] 王建 . 精通 Web 标准建站：标记语言、网站分析、设计理念、SEO 与 BI[M]. 北京：人民邮电出版社，2007.
[18] 王楗南 .SEO 网站营销推广全程实例 [M]. 北京：清华大学出版社，2013.
[19] 相万让 . 网页设计与制作 [M]. 北京：人民邮电出版社，2012.
[20] 杨美霞，郭海礁，唐倩 . 动态网页设计与制作实践教程 [M]. 北京：北京师范大学

出版社，2013.

[21] 于荷云 .PHP+MySQL 网站开发全程实例 [M]. 北京：清华大学出版社，2012.

[22] 昝辉 .SEO 实战密码 [M]. 北京：电子工业出版社，2012.

[23] 张兵义，张连堂 .PHP+MySQL+Dreamweaver 动态网站开发实例教程 [M]. 北京：机械工业出版社，2012.